STEAM 教育创意编程系列

Scratch 3.0

少儿编程·创新实践训练

中高年级

饶思粤 / 编著

人民邮电出版社

北京

图书在版编目（ＣＩＰ）数据

Scratch 3.0少儿编程. 创新实践训练 / 饶思粤编著
. -- 北京 ：人民邮电出版社，2020.4
（STEAM教育创意编程系列）
ISBN 978-7-115-53153-7

Ⅰ．①S… Ⅱ．①饶… Ⅲ．①程序设计－少儿读物
Ⅳ．①TP311.1-49

中国版本图书馆CIP数据核字(2019)第288171号

内 容 提 要

　　本书共包括三部分。第一部分为看自己做的动画，其中包含3章，主要讲解了具有故事情节的动画的制作方式，分别为场景动画——魔法城堡的故事、交互动画——校园故事、用动画记录生活——我的假期。第二部分为玩自己做的游戏，主要讲解几个完整游戏的制作过程以及如何实现与用户交互。这一部分包括4章，分别为射击游戏——太空射击、横板闯关游戏——声音闯关、双人游戏——双人弹球、敏捷游戏——大鱼吃小鱼。第三部分主要讲如何和全世界的小朋友一起分享自己的作品。

　　本书适合具有一定编程基础并对编程感兴趣的小朋友阅读，也适合作为少儿编程培训机构的教材。

◆ 编　　著　饶思粤
　　责任编辑　税梦玲
　　责任印制　王　郁　焦志炜
◆ 人民邮电出版社出版发行　北京市丰台区成寿寺路 11 号
　　邮编　100164　电子邮件　315@ptpress.com.cn
　　网址　http://www.ptpress.com.cn
　　北京博海升彩色印刷有限公司印刷
◆ 开本：787×1092　1/20
　　印张：7.6　　　　　　　　　2020 年 4 月第 1 版
　　字数：142 千字　　　　　　　2020 年 4 月北京第 1 次印刷

定价：45.00 元

读者服务热线：(010)81055256　印装质量热线：(010)81055316
反盗版热线：(010)81055315
广告经营许可证：京东工商广登字 20170147 号

亲爱的家长：

欢迎您和孩子来到 Scratch 神奇世界。也许您和孩子一样也是初次接触编程，对编程还不是很了解，那么就让我来为您介绍一下编程在未来世界的重要性和为什么要选这套书给您的孩子学习编程吧！

信息社会的发展离不开计算机和互联网。计算思维和互联网思维是未来人才必备的两种思维模式。要培养计算思维、学习计算机语言，最重要的方法之一就是学习编程。世界上许多国家（包括我国）已经逐渐将编程课程引入中小学课堂，将编程教育纳入课程体系。为什么各国都如此重视少儿编程能力的培养呢？

首先，少儿时期是最重要的启蒙期。在这个时期，孩子的身体和智力飞速发展，接受能力和学习能力最强。

其次，计算机语言和英语一样，是通向未来和世界的语言。要紧跟信息社会的发展，我们必须知道如何与计算机交流。

最后，也是最重要的一点，学习编程，可以提升孩子的逻辑思维能力、程序设计能力、问题分析与解决能力以及创新创造能力。

有些家长，尤其是从事信息技术工作的家长已经意识到编程对孩子的重要性，开始刻意训练孩子的编程思维。但有些家长认为，孩子以后又不一定要当程序员，不需要学习编程。其实，少儿学习编程不仅仅是学习一门新技能，更主要的是培养和训练一种思维模式。学会编程不是目的，提升孩子的综合素质才是最重要的。

基于这样的出发点，我们策划了"STEAM 教育创意编程系列"丛书。这套书与市面上同类书的区别在于——我们不以教会孩子使用编程软件或学会一种编程语言为主要目的，而是以培养孩子独立思考能力，训练孩子分析问题、解决问题的能力为最终目的。本系列书一共包含 4 本，分别为《Scratch 3.0 少儿积木式编程（6~10 岁）》《Scratch 3.0 少儿编程 · 创客意识启蒙》《Scratch 3.0 少儿编程 · 逻辑思维培养》《Scratch 3.0 少儿编程 · 创新实践训练》。

这 4 本书的主要内容和适合群体分别如下。

《Scratch 3.0 少儿积木式编程（6~10 岁）》适合初次接触编程的孩子，是 Scratch 的启蒙书。学习者的最佳年龄段为 6~10 岁，尤其是学龄前孩子。本书侧重基础，注重编程概念的引入和对 Scratch 操作的介绍。学完本书后，孩子可以基本理解编程、项目、代码等概念，并具备一定的编程学习能力，可以完成简单小动画的制作。

《Scratch 3.0 少儿编程·创客意识启蒙》适合初次接触编程的孩子，学习者的最佳年龄段为 8~12 岁。本书也是 Scratch 的基础入门书，与第一本的区别是，它更适合已经上学的孩子学习。本书引入"动手—观察—掌握"的学习模式，规避了对概念、模块的大段介绍，让孩子通过"动手执行—观察现象—掌握特性"的学习顺序，观察直观的现象，理解编程方法，并初步具备用变化来创新的意识。

《Scratch 3.0 少儿编程·逻辑思维培养》适合有一定编程基础的孩子，尤其是已经学完以上两本书的孩子。本书以实例为载体，融入"设计—需求—开发—测试—验收"的开发思想，对"理解问题—找出路径"的编程思维不断强化。孩子在学完本书后，除了掌握编程技术，还可以收获目标导向、要事优先和模块化拆解问题的思维和能力。

《Scratch 3.0 少儿编程·创新实践训练》适合已经能够灵活运用 Scratch 编程的孩子。本书不再以 Scratch 的特性为介绍重点，而是将其作为一种工具，帮助孩子实现创意。本书着重介绍了故事板、思维导图、连线法等几个用于整理思路的思维工具，并将其用于分解编程任务、实现编程任务。学习完本书后，孩子将不再受限于 Scratch 软件本身，而是以编程为工具，自由地徜徉在创意的海洋中。

　　本系列书之所以选择 Scratch 3.0 软件作为编程工具，是因为 Scratch 是麻省理工学院专门针对少儿开发的一款简易编程工具。它的优点是操作简单、易学、直观、有趣，特别符合少儿年龄段的学习方式和兴趣特点，用简单的拖曳方式即可编程，自学起来十分简单，既锻炼了孩子的学习能力也解放了家长。Scratch 有强大的角色库和背景库，颜色、背景、形象丰富生动，做出的案例都是孩子喜欢的动画、游戏，很容易调动起孩子的学习兴趣。尤其是它的积木式编程法，省略了很多高级编程语言编程时需要注意的细枝末节，把编程思想用简单形象的方法深入到孩子心中，因此非常适合作为少儿学习编程的启蒙工具。

　　基于少儿的学习特点和 Scratch 的软件特性，本系列书在内容和形式上也做了一些独特的设计。

　　1. 更注重思维的引导，培养孩子的综合能力。本系列书更注重对孩子综合能力的培养，注重举一反三和思维引导，尤其注重教孩子一些学习方法和思维工具。这些方法和工具不仅适用于孩子学习 Scratch 编程，也适用于学习其他语言，甚至学习其他科目。孩子在学习完编程语言后能够融会贯通，利用编程的思维解决其他问题，这才是学习编程思维的真正意义。

> 让我们来整理一下这个动画的制作思路：
> 1. 添加一只小鸟；　　　　　　　　　　2. 让小鸟飞行；
> 3. 让小鸟在舞台上来回飞行，并且正确翻转；　4. 让小鸟在飞行中变换造型。

　　2. 注重步骤拆分，增强图片解释。孩子所在的年龄段是对直观的图形图像有更强记忆力和理解力的年龄段，Scratch 本身的代码也被设计得很容易理解。因此，本书将编程程序详细地拆分，让孩子跟着图片步骤一步步拖动对应的积木完成案例。即使年龄很小，阅读能力不够的孩子也完全能够看懂和学会。

Step1 将运算类代码【在 1 和 10 之间取随机数 】
　　　 拖入编程区。

Step2 单击执行该语句。

3. 配套视频教学，跟着视频学得快。为了让孩子更快、更直观地掌握技巧，本系列书都配套了丰富的视频课程，孩子可以先用手机扫描二维码查看演示视频，观看老师的操作，然后进行模仿学习，最后根据书中的提示，按照自己的想法来设计场景。书中案例的源文件，可以到人邮教育社区（www.ryjiaoyu.com）下载（可能需要家长的帮助）。

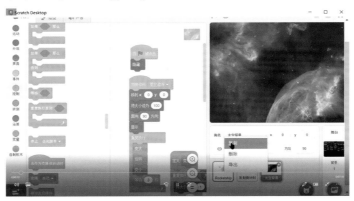

最后，感谢您和孩子选择本系列书，希望每个孩子都能够充分利用这套书，建立编程思维，享受编程带来的趣味和成就，让编程为你解决问题，努力成为未来世界的创造者！

编 者
2019 年 9 月

本章将介绍故事板的概念与创作方法，并讲解如何将故事板表示的内容通过 Scratch 实现，从而制作一个以魔法城堡为主题的动画作品。还等什么，快来学习吧！

本章将介绍思维导图的概念，利用思维导图将校园主题发散出线索与要素，并用线索与要素串联成一个故事，用故事板绘制出来，再基于此创作出一个以"校园故事"为主题的交互动画作品。在本章中，小朋友将学到交互动画的制作思路、技巧以及制作动画转换场景的技巧。

本章将复习思维导图与故事板的创作方式，用思维导图、故事板将"我的假期"表达出来，再基于此创作一个交互的动画作品。在本章，小朋友将学到将多媒体照片导入 Scratch 作为背景的技巧。

第二部分 玩自己做的游戏 / 77

本章将介绍"模仿"——这个常用的学习方法，并提出可操作的"模仿"步骤，可用于小朋友日后练习与提高。本章将以《小蜜蜂》游戏为"模仿"对象，仿制一个《太空射击》游戏。在游戏制作过程中，小朋友将学习如何使用多媒体素材作为角色、造型，以及如何通过编程实现发射子弹、爆炸的动画效果。

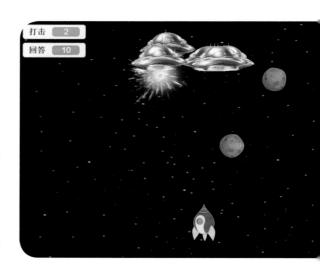

本章将介绍"排列组合"——这个常用的创新方法，并提出可操作的"连线法"，可用于小朋友日后练习与提高。本章将以"声音闯关"游戏为例，制作一个用声音控制的游戏。在游戏制作过程中，小朋友将学到自由下落动作的编程方法以及用声音控制角色运动的技巧。

对着麦克风发声控制运动

本章将以双人游戏为主题，介绍双人游戏的制作方法。本章将制作一个允许双人同时操控的"双人弹球"游戏。在游戏制作过程中，小朋友将学习按键控制、角度旋转等功能的编程技巧。

本章将模仿经典的"大鱼吃小鱼"一类游戏，制作一个简易版的"大鱼吃小鱼"。在本章，小朋友将学习如何编程实现吃鱼动作，如何让鱼体型增长，让游戏充满趣味。

本部分将介绍 Scratch 官方论坛的注册与分享方法。在这里，小朋友可以浏览全世界小朋友的作品，也可以将自己的作品分享给全世界的小朋友。

第一部分

看自己做的动画

　　学习Scratch的小朋友们，你们是否有喜欢的动画、动漫或电影呢？作者最喜欢的动漫是《火影忍者》，最喜欢的电影是"哈利·波特"系列。这些导演和编剧用强大的想象力，靠自己的创意将忍者时代、魔法世界呈现在观众面前。有时候作者也会尝试将自己的创意通过简笔画呈现出来，但终究还是不如动漫、电影有趣。

　　Scratch可以让用户通过编程的方式创作剧本、制作动画。本部分将介绍制作动画的思维工具和编程技巧，学完本部分内容的小朋友将具备独立创作小剧本和利用Scratch编程做出复杂动画的能力。此外，本部分内容对小朋友写作文的构思过程也有一定帮助。

第 **1** 章

场景动画——魔法城堡的故事

魔法世界神奇又迷人，这一节我们就利用 Scratch 来制作一个与魔法有关的动画吧。本节将运用故事板和 Scratch 的交互类积木打造这个动画，一起来吧!

本章学习重点

1. 用故事板帮助自己组织故事：小朋友经过本章的学习，应当能够将一个故事通过绘制分镜头的方式表达出来。

2. 将一个复杂的问题分解成多个简单的问题：小朋友经过本章的学习，应当能够化繁为简、逐步拆解。比如：将一件事情分成几个阶段，将一段复杂的程序分解成几段简单的程序。

制作动画，从故事板开始

什么是故事板

　　故事板，就是导演理解剧本后，创作出来的对电影和动画的最初创意。绘制故事板是制作动画、电影、广告等影像作品的重要流程，一般由导演亲自完成。一个剧本是由文字描述的，而动画或电影则是以画面呈现的，我们看到的许多经典电影大多是从一个故事板开始的。让我们先来看一些电影的故事板吧！

　　下面左侧的一张图是一部外国电影的故事板，小朋友们能不能通过这 6 张图片想象出它表达的电影画面呢？导演们就是用这种故事板，将自己脑海中对剧本的理解以及想要拍摄的画面表达出来，再以此为基础一步步将电影制作出来。这样的故事板是不是有点像漫画书呢？我们的读者小朋友能画出这样的故事板吗？

　　其实绘画水平并不影响最终拍摄出的电影质量，故事板最重要的意义是将我们脑海中的创意形象地记录、表达出来。因此，即便小朋友不会画画也没关系，只要能表达清楚即可，就像上面右侧的一张图是姜文导演绘制的故事板，虽然没有那么精细，但也已经能把故事表达清楚了。

如何绘制故事板

言归正传，回到本章的主题——魔法城堡的故事。下面，就请小朋友和作者一起创作一个故事板吧。

开始绘画吗？不，先别着急。创作故事板并不是提笔就画。一部电影的故事板是对剧本的"再创作"，也就是将剧本"画"出来。虽然本章主题是魔法城堡的故事，但这只能算作是主题，并没有一个剧本（故事）。在开始绘制故事板之前，请小朋友先跟随作者的思路创作一篇小故事。

Step1 首先确定这个故事的要素。再根据要素创作出简易的剧本（故事），最后根据剧本创作故事板。

时间	地点	人物	起因	经过	结果
傍晚	森林城堡	小猫、小猴子、巫师和喷火飞龙	探险	遇险	得救

💡 以上是作者根据"魔法城堡"联想出的几个要素，并没有标准答案。小朋友可以随意发挥，写出自己联想出的要素。

Step2 根据这些要素，用一段话描述自己创作的故事。根据要素写出的故事因人而异，没有标准答案。和创作要素一样，小朋友也可以根据自己的要素创造自己的故事。

故事是这样的：小猫和小猴子是一对好朋友，小猫喜欢探险，而小猴子比较胆小。有一天小猫带着小猴子去森林深处的城堡探险，谁知城堡中住着可怕的喷火飞龙，要吃掉他们。正当绝望的时候，一位巫师出现了，将喷火飞龙制服。小猫和小猴子也得救了。

Step3 用 4 张图将这个简单的故事描述出来，我们绘制了如下故事板。小朋友们可以对照故事看看，这个故事板有没有将故事描述清楚呢？

勇敢的小猫邀请胆小的小猴子去远处城堡探险

在门口，小猴子害怕了，小猫率先闯了进去

突然出现一只喷火飞龙，要吃掉他们

巫师出现用法术制服了喷火飞龙，救了小猫和小猴子

　　看图说话没有标准答案，不同的人会讲出不同的故事，只要表述清楚，就没有对错之分。同样的，将文字画成图也有不同的画法，就看"小导演"你自己的创意啦！对"魔法城堡"这个故事，你会想到哪些要素，写出什么故事，创作出怎样的故事板呢？在下面写、画出来吧！

时间	地点	人物	起因	经过	结果

故事：

场景 1：

场景 2：

场景 3：

场景 4：

　　关于绘制故事板，相信小朋友们在语文试卷上都见过看图说话题目吧，其实画故事板就是逆向的看图说话。接下来我们根据这个故事板将动画制作出来。

任务的分解与实现

接下来我们就要将故事通过 Scratch 编程制作成动画了，从编程的角度来看有些复杂，但是任何一个单独的场景用到的技巧都似曾相识。在以往的学习中，小朋友们积累的能力已经足够独立完成其中任何一个场景了，而这个稍长的动画只是将单独场景的动画拼凑起来。所以，我们可以分别制作故事板分出的几个场景，最后再将它们连接起来。

魔法城堡的故事 1

场景 1：开始探险

在场景 1 中，小猫邀请小猴子一起去森林里的城堡探险，可是小猴子有点害怕，于是小猫鼓励小猴子，最终他们一起出发前往森林深处。

定位技巧

在 Scratch 中，角色坐标的数字往往是不需要我们手动寻找或计算的。我们只需要将角色移到指定位置，相关积木中的参数就会自动变成角色所在位置的坐标。下面一起来实践一下。

Step1 在舞台上添加小猫、小猴子角色，并添加背景【Castle2】。

Step2 在舞台中，选中小猫角色后，用鼠标将小猫随意拖放到舞台任意位置，此时舞台正下方的角色信息中会显示角色现在所在位置的坐标。

Step3　单击【运动】类别，随意拖放角色时，对应的【移到 x：…… y：……】【在 1 秒内滑行到 x：…… y：……】中 x、y 后的参数也会实时改变。不过，这两个积木在被拖入编程区后，参数就不随舞台角色的移动而改变了。

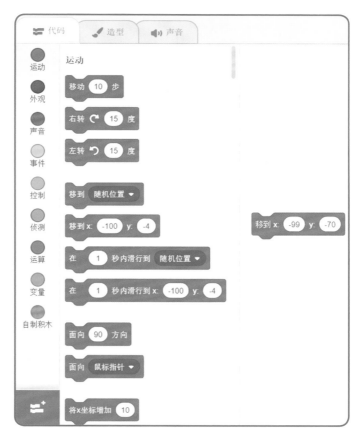

下面将这个技巧用于实践，看看效果如何。

Step4　将小猫拖至起点（舞台左下角），将【移到 x：…… y：……】拖到编程区。此时 x 与 y 后的数值就是小猫当前位置的坐标值。

Step5 将小猫拖曳至终点（城堡处），将【在 1 秒内滑行到 x：…… y：……】拖到编程区。此时 x 与 y 后的数值就是小猫所在终点位置的坐标值。

Step6 将【当 🚩 被点击】与这两个积木组合。单击 🚩，就能触发执行这段程序。

💡 现在看看，小猫是不是先出现在了舞台左下角，然后 1 秒内滑到了城堡处呢？

添加对话

为角色添加对话可以让角色看起来更生动，【说……2 秒】就能够实现这个功能。

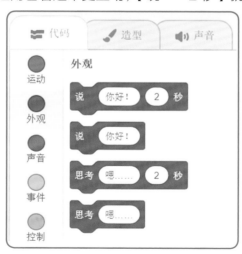

💡 在场景一中，小猫和小猴子之间的对话是由小猫先发起的，小猫先邀请小猴子去探险，这句话说了 2 秒，与此同时小猴子需要等待 2 秒让小猫说完。接着，小猴子表示自己害怕，不敢去，此时小猫需要等待 2 秒让小猴子说完。最后小猫勇敢地邀请小猴子一起出发，小猫这句话说了 2 秒，与此同时，小猴子等待了 2 秒。

是不是有些被绕晕了？别着急，看看下面这幅时间线。从左到右表示时间流逝，上面的线表示小猫的时间线，下面的线表示小猴子的时间线。

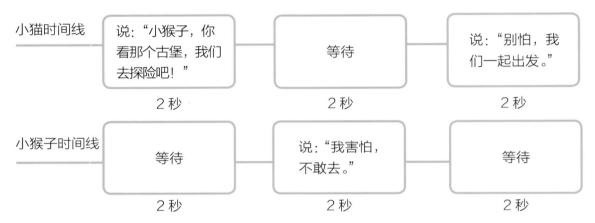

从时间线中可以看到，在小猫说话的时候，小猴子要等待；在小猴子说话的时候，小猫也要等待。否则两个人七嘴八舌，谁说的也听不到了。了解了这些后，按照这个时间顺序，我们来一起编写对话的程序。

Step1 选中小猫，根据小猫的时间线为小猫编写程序。小猫在起点处的大小为默认值 100，接着小猫说话邀请小猴子一起探险，说完后等待 2 秒，最后小猫鼓励小猴子说"别怕，我们一起出发。"随后，他们一起出发前往城堡。

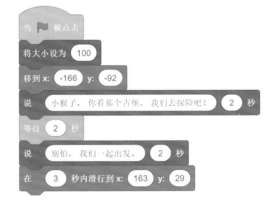

Step2　选定小猴子，根据小猴子的时间线为小猴子编写程序。小猴子也需要出现在场景 1 的 Castle2 背景中，然后移动到屏幕左下角，大小为 100。小猴子的时间线是先等待 2 秒，此时小猫在发言。听完小猫的邀请，小猴子说："我害怕，不敢去。"接着又等待 2 秒，在这 2 秒中小猫鼓励了小猴子。最后小猴子鼓起勇气，向城堡出发。

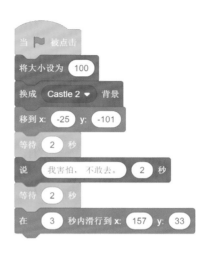

💡 运行一下，看看是不是有点不对劲呢？原来这个程序虽然实现了角色对话、向城堡移动，但最后小猫竟然比城堡还要高了，这明显不符合近大远小的透视原理。此外，移动的过程中，角色并没有体现"走"的动作。接下来，就再介绍一个技巧给小朋友。让小猫边移动，边"走"起来，同时还能变小。

边移动边"走"

有什么办法能让角色在滑行的同时做其他的动作呢？这就需要让角色同时执行不同的代码。它看似违背了顺序执行的基本理念，但 Scratch 提供的"广播消息"功能，让角色同时执行不同的代码成为现实。

所谓"消息"，就像收音机中的广播，只要广播电台发出了"消息"，所有收听的人就都能听到。同理只要发布"消息"让所有的角色、背景"听"到，它们就能同时启动不同的代码。

Step1 单击【广播消息 1】中的下拉箭头，选择"新消息"，在弹出的对话框中输入"走"，单击确定。这样就增加了一个名为"走"的新消息。

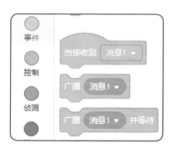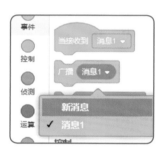

Step2 选择小猫，对小猫编程，让小猫在移动到城堡之前，先广播一条"走"的消息，即将【广播走】放在滑行积木的上面。当接收到这条消息时，图中左侧的程序就会开始执行，这段程序能让小猫在 3 秒内不断切换造型，形成"走"起来的效果，同时角色变得越来越小。

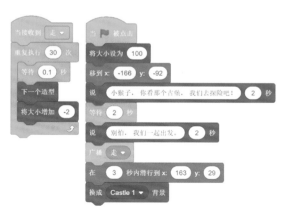

运行程序看一下，小猫是不是边移动边走了起来，边走还边变小了？没错，这就是接收、广播消息的妙用。如果还没理解，看看下面的时间线。当消息发布后，重复执行和滑行的时间线是重合的，这样就达到了边重复执行更换造型、边变小、边滑行的效果。

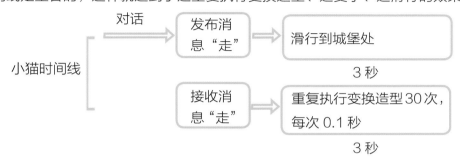

Step3 选中小猴子，为小猴子也增加一个越走越远、越来越小的程序。

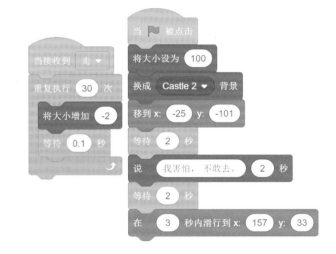

💡 小朋友可以运行试试，也可以将改变大小的"-2"改为其他数字，看看变小的效果。

如此一来，场景 1 就完成了。要注意的是，这里的消息，是所有角色都能接收到的。只要小猫广播了"走"的消息，小猴子也能接收到，因此小猫和小猴子只要有一个角色广播这个消息就够了。将这个积木放在小猴子的程序里也能达成同样的效果，小朋友可以自己试一试。

请记住这个技巧，如果你希望在执行时间较长却又无法分开的程序时（例如在 3 秒内滑行到某处），同步执行其他程序，你就可以用这个技巧。

自制积木

在开始制作下一个场景之前，我们先将场景 1 的程序放在一个自制积木里。自制积木其实就是把一串积木变成一个积木。将刚才场景 1 的一大段积木用一小块自制积木表示出来，你的程序就会看起来就更简洁、清晰。

Step1　选中小猫，为小猫编程。在【自制积木】类别中单击【制作新的积木】，将新的积木取名为场景 1。

Step2　将小猫的程序用【场景 1】自制积木进行改写。当程序执行【场景 1】的时候，实际执行的是【定义场景 1】之下所包含的代码。这样主程序就显得比较简洁方便。

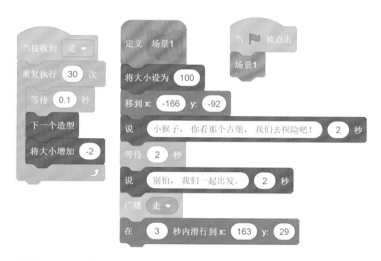

Step3　选中小猴子，为小猴子也新建一个积木，将新建积木起名为"小猴子场景 1"。
注意，当前角色的自制积木只属于当前角色，其他角色不能共用，比如小猴子就不能用小猫的自制积木。

Step4　用自制积木【小猴子场景 1】将小猴子的程序改写如下。

💡单击 🚩 执行程序，效果和之前一样，但我们的主程序看起来精简了许多。我们把将很多积木打包成一个的过程称为"封装"。编程时我们可以把任何功能封装为一个自制积木，这样做的好处接下来小朋友们就能体会到了。

场景 2：城堡大门

在场景 2 中，小猫和小猴子来到了城堡大门前，他们对话后就走进了城堡。场景 2 和场景 1 的功能要求类似，下面就开始制作吧。

Step1 增加背景 Castle1。

Step2 选中小猫，为小猫编写程序。在场景 2 中，小猫恢复原始大小，移动到大门的左边，说："看，大门开着，我们进去吧！"然后等待 2 秒，小猴子回答后，他们一起走进了城堡。同样我们为小猫新建一个名为"场景 2"的自制积木，将程序编写如图。

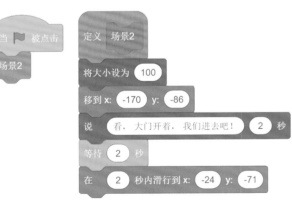

Step3 选中小猴子，为小猴子编写程序。小猴子也要恢复默认大小，然后移动到大门的右边，等待 2 秒听小猫讲话。听完小猫讲话后小猴子给出肯定的回答，随后他们一起走进了城堡。我们为小猴子新建一个名为"小猴子场景2"的自制积木，将程序编写如图。

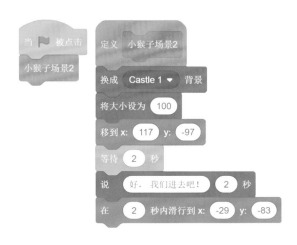

　　单击 🏳 执行看看，是不是达到了我们想要的效果呢？到此为止，场景 2 也已经完成了。现在所有的场景已经完成一半了，一鼓作气，继续接下来的场景制作吧！

场景 3：飞龙现身

在场景 3 中，小猴子与小猫来到了城堡，在惊叹之余，城堡中的喷火飞龙突然现身了。飞龙从屏幕右侧飞入，站定后喷出火焰。

 **考一考**

飞龙作为一个角色，直到场景 3 才出现。如何做到让飞龙一直隐藏，直到场景 3 才出现呢？此外，飞龙一出现，就要从右向左飞，这个程序应该怎么写呢？小朋友请仔细思考这个问题，再继续往下看。

魔法城堡的故事 2

误入龙穴

小猫与小猴子进入城堡后，不由得感叹这里空间巨大，话音未落，就出现了喷火飞龙。小朋友思考一下，场景 3 中小猫和小猴子的程序该怎么写呢？

Step1　添加背景 Castle3。

Step2　先选中小猴子，为小猴子编写程序。在场景 3 中，小猫和小猴子已经进入了古堡，此时舞台要先换成 Castle3 背景。小猫和小猴子在舞台的左下角对话。小猴子看到气势恢宏的城堡感叹说："哇，真大呀！"同样，新建自制积木，将其取名为"小猴子场景 3"，将小猴子的代码改写如图。

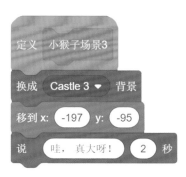

Step3　选中小猫，为小猫编写程序。小猫站在小猴子的旁边，在等待 2 秒听完小猴子的感叹后，得意道："没骗你吧，这里很好玩！"说罢，要广播"出现飞龙"的消息，用于触发接下来的剧情。最后新建自制积木，取名为"场景 3"，并将小猫的代码放入【定义场景 3】积木之下。"场景 3"自制积木的程序如图。

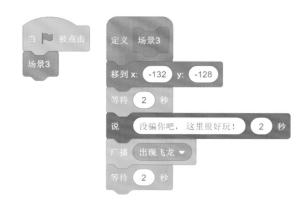

温馨提示

在使用广播功能之前，要先新建一条消息，取名为"出现飞龙"，否则无法广播。

飞龙的初始化

所谓初始化程序，就是用于设定初始值的程序，可以将它理解为一种准备工作。比如大小设置，旋转方式设置，隐藏设置，移到起点等，初始化程序往往放在程序一开始。接下来，我们一起理一理飞龙的初始化设置。

Step1 增加飞龙角色。

Step2 在飞龙程序开始处加入【清除图形特效】。飞龙在后面的剧情中会被施特效，因此在每次程序开始前要清除所有特效，否则当程序再次运行时就会带有上次运行时的特效。

Step3 将飞龙朝向设为面朝左侧（面向 -90 度方向），旋转方式设为左右翻转，否则飞龙在向左飞行时会倒过来。

Step4 喷火飞龙的默认大小在背景中显得太过庞大，为了平衡画面，将其大小设为80。

Step5 飞龙是从右侧飞入舞台的，因此飞龙要先移动到屏幕右边，添加【移到 x:300 y:-6】。

飞龙的出现

　　为了触发飞龙出现的事件，我们新建一个名为"出现飞龙"的消息，通过程序控制飞龙在接收到消息后显示出来并做出动作。这样一来，飞龙不管隐藏多久，只要接收到"出现飞龙"的命令，就会出现了。

Step1 在接到"出现飞龙"消息后，飞龙出现，这就要用到【显示】。将其加到【当接收到出现飞龙】积木下。飞龙以飞行的造型"dragon-b"滑行至舞台偏右的位置，然后换成站立的造型"dragon-a"。飞龙等待 0.2 秒后切换为喷火造型"dragon-c"。

💡 这样设计程序的目的是让喷火这个动作更有动感。小朋友也可以把【换成 dragon-c 造型】这条语句删去，对比看看哪个效果更好。

Step2 这时飞龙向小猴子和小猫发火道："竟敢闯入我的城堡！"正当小猫和小猴子害怕的时候，使用【广播出现巫师】触发接下来巫师出现的剧情。最后飞龙的代码和效果如下。

场景 4：巫师的魔法

在场景 4 中，小猴子与小猫吓呆了，千钧一发之际，一位年迈的巫师从城堡的楼梯上走下来。巫师释放了强大的魔法，将喷火飞龙变成了一只小青蛙，解除了喷火飞龙的威胁。

场景 4 是效果最绚丽的一个场景，当然也是最复杂的。我们就把这些特效一个个分解，一步步把场景 4 做出来。

强大的巫师

巫师从城堡的楼梯上出现，走下台阶后释放强大的魔法。先设计巫师的程序，一起开始吧。

Step1　增加巫师、青蛙两个角色。

Step2　选择巫师，为巫师编写程序。首先设定巫师的初始状态。巫师要在楼梯上出现，大小应与背景协调，在接到"出现巫师"消息之前保持隐藏。

Step3　当接收到"出现巫师"消息后，巫师从楼梯上出现并慢慢走下台阶，说要救小猫和小猴子。说完就连续变换造型，施展魔法。魔法效果的代码将由"释放魔法"消息触发。

💡 注意，在广播之前记得要新建消息并取名为"释放魔法"，否则在广播的消息列表中无法选中这条消息。

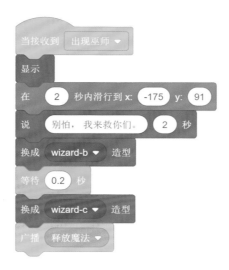

Step4 在走下台阶的同时，巫师也会随着越走越近显得越来越大。不断增大巫师角色的大小，直到他移动到目标位置。

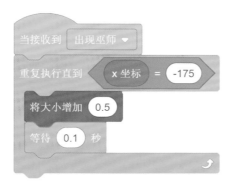

　　最终巫师部分的程序如下图所示。单击 🏳 后，巫师就会先藏到楼梯后，当接收到"出现巫师"消息时，就同时执行左侧下方和右侧的程序。左侧下方的程序会在巫师滑行到终点（x=−175，y=91）后结束。

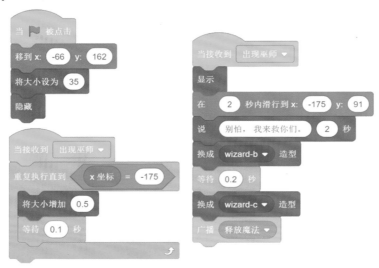

强大的魔法

　　和消息的名字一样，"释放魔法"这个消息是用来触发特效的。巫师在释放魔法时出现强光，整个舞台都跟着闪烁了起来。想让舞台的背景实现闪烁的效果，就需要对背景编程。

Step1　选择背景，对背景编写程序。当接收到"释放魔法"消息后，舞台要闪动 3 次模拟闪电效果。所谓闪动，就是一会亮一会暗，在 Scratch 中可以使用"亮度"的变化实现明暗交替。先把背景亮度调到最高 100，等待一段时间，清除特效，然后再等待一段时间，如此重复。等待的时间在 0.05 秒 ~0.5 秒不等，是随机的，这就产生了一种闪电闪烁的效果。

💡 小朋友可以将等待的时间修改成固定的数字，如 0.1 等，看看固定数值的效果和随机数值的效果哪个更像真实的闪电。

Step2　选定飞龙，为飞龙编写程序。释放魔法的时候，闪电把城堡都照亮了，飞龙也随着闪电的闪烁慢慢消失。飞龙消失可以通过虚像实现，将虚像重复增加 20 次，每次增加 5，直至变为 100，飞龙就彻底透明了。最后飞龙隐藏，并广播"变青蛙"用于触发飞龙被变成青蛙的程序。同样，在广播前记得要新建这条消息。

💡 虚像是一种图形特效，类似于透明度，当虚像特效值为 100 时，飞龙会完全透明；当虚像特效值为 0 时，飞龙没有任何变化。

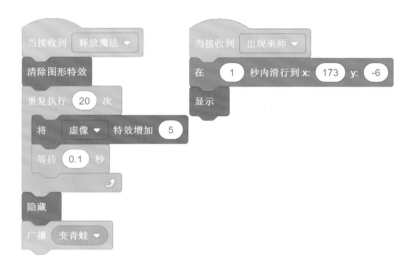

Step3 飞龙接收到"出现巫师"消息后，要移动到指定位置并现身，这是为了单独测试场景 4 的时候让飞龙站在指定位置。如果不加上这两句，单独运行场景 4 的时候，飞龙会保持隐藏状态。

Step4　选定青蛙，为青蛙编写程序。首先设定青蛙的初始状态。将青蛙翻转模式设为左右翻转，青蛙大小要适合舞台，因此大小要设为50，并且在飞龙变青蛙之前保持隐藏。

Step5　当青蛙接收到"变青蛙"消息后，要从飞龙消失的位置出现，从半空中落下。刚一落地，叫了一声"呱呱"，随即向右侧逃离了。广播"跳走"后，消息将触发对应的程序。在移动到舞台边缘之前，青蛙会不停地变换造型，一蹦一跳地离开。请注意，对青蛙编程时需要选定青蛙再编写程序。下图是青蛙的所有程序。

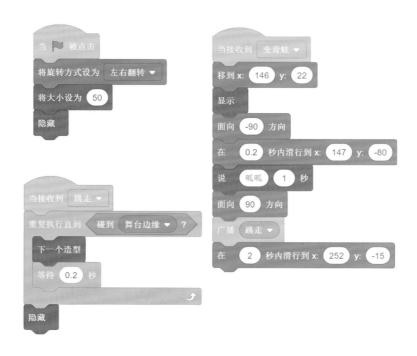

Step6 在场景 4 中，小猫和小猴子吓得呆住了，没有什么动作，小猫只是发出一条消息让场景 4 的故事发生。

这就是场景 4 小猫的程序，够简单吧，现在单击 ▶ 试试看，让场景 4 运行起来吧，看看是不是很棒呢？

场景组合

虽然我们已经能够完成单独的某一个场景了，但如何让各个场景按照我们的想法顺序执行下来呢。这时，我们之前将各个场景"封装"成的自制积木就派上用场了。我们现在只需要对小猫和小猴子的程序略作修改，整个动画就串起来了。

Step1 先看小猫的程序，只要让场景 1 到场景 4 顺序执行就可以达到目的了。将小猫的程序改为如图所示即可。

Step2 同理，小猴子也是一样，只要让之前自制的场景 1 到场景 3 顺序执行就完成了。

💡 最后一个场景的程序主要在巫师、喷火飞龙、青蛙这几个角色中，场景 4 的运行就是靠小猫广播的"出现巫师"来触发的，因此小猴子在场景 4 中并没有活动。

很棒不是吗？回头看看这些程序，其实是非常复杂的，但是当我们将其分解为 4 个场景后，每个场景的制作就不那么复杂了。将一件复杂的任务，分解成几个难度适中的小任务，最终再把它们组合起来，是一个很重要的思想，希望小朋友能熟记在心。本书所有的复杂动画、游戏都能用这种方式来完成。而自制积木的特性，就是能让我们在加入新功能的同时，不用修改之前已经完成的程序，这大大降低了程序的复杂度，让每个小任务都独立化。

完成到这里的小朋友都是很棒的，快给你的小伙伴炫耀一下你的成果吧！

练一练

小朋友已经跟着本章一起，从一个主题开始做出了一个完整的动画。你们是否还记得本章开始提出的学习重点呢？别急着回答，下面就是检验你们学习成果的时候了。试着根据下面的题目写一段话，然后绘制故事板，最终做出一个动画作品。最后，别忘了将作品上传到论坛，你会收到其他小朋友们对你作品的点评的。

请根据题目"回家路上"，写一段小故事，并绘制故事板，做出 Scratch 动画。

 ### 本章小朋友应当掌握的内容

- 能根据剧本绘制故事板。
- 能用故事板将动画分成几个场景（小任务），并将场景组合成故事。
- 角色定位技巧。
- 用消息触发角色某段程序。
- 用自制积木将场景封装起来，并将自制积木组合起来。

第 **2** 章

交互动画——校园故事

校园里的生活丰富多彩，相信小朋友在学校里都有难忘的经历。本章我们将用一种叫作"思维导图"的工具，帮助我们将想法汇集起来，产生动画创意。

本章学习重点

1. 用思维导图帮助自己思考：小朋友经过本章的学习，应当能够使用思维导图帮助自己联想，产生创意。

2. 复习故事板的使用方式，使之成为一种创作习惯。

3. 复习任务分解的方法，使之成为一种编程习惯，避免"长篇大论"的程序。

4. 学会使用"询问"模块，以此制作带有分支剧情的动画。

思维导图，发散你的思维！

什么是思维导图

　　思维导图是英国心理学家东尼・博赞发明的一种思维工具，能帮助使用者理清思路，归纳知识，发散思维。思维导图的神奇之处在于：放射性的图案非常符合人脑发散性的思维特点。抛开这些专业名词和复杂解释，我们来看看思维导图长什么样。

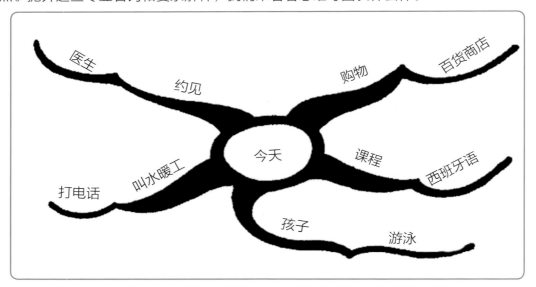

　　这是东尼・博赞的一幅表现"今天计划"的思维导图。在图的中间有大大的"今天"二字，围绕着"今天"二字的，是"今天"的一些计划。像购物、约见、课程等和"今天"紧紧连接的计划就是从"今天"联想到的，这些和中心相连的分支叫作一级分支。一级分支下还有二级分支，也就是从一级分支联想出来的内容。计划中从购物延伸出了百货商店，从约见延伸出了医生。简单的一幅图片就表现出了绘图人今天的计划，这就是思维导图。

　　思维导图被广泛使用的一大重要原因是，思维导图的模式非常符合人脑的思维模式，人脑的工作充满了跳跃、联想。想象一下你走神的时候，是不是往往从一个念头开始发散，等你回过神来才发现已经从一个念头联想出无数个念头了。千万别觉得这是什么坏事，其实这正是思维活跃的表现。思维导图能帮助我们将这万千思绪归纳起来，帮助我们归纳想法和创意。而普通的笔记则做不到联想的功能，笔记只能将想法一句句地记录下来，看笔记是无法一眼看出整体的，而上面这幅思维导图则很容易看出核心、分支、节点，主次分明，一目了然。

　　说了这么多思维导图的好处，你是不是也跃跃欲试了呢？接下来就介绍如何绘制思维导图。

如何绘制思维导图

　　我们就用本章的主题——"校园故事"来讲解一下如何绘制思维导图吧。你需要准备一张纸和一支笔，以及你的想象力。

Step1　这个思维导图的主题是校园故事，主题要被绘制在正中心的位置。

校园故事

Step2　发挥你的想象，一说到校园故事你能想到什么呢？这里没有标准答案，下图是作者的第一级联想。

💡 作者第一个想到的就是在教室里和老师、同学们上课、互动以及到室外参加体育活动，所以课堂互动和体育活动作为一级联想，和中心"校园故事"连在一起。

Step3 接着从一级联想发散到二级联想，从课堂互动和体育活动分别会想到什么呢？

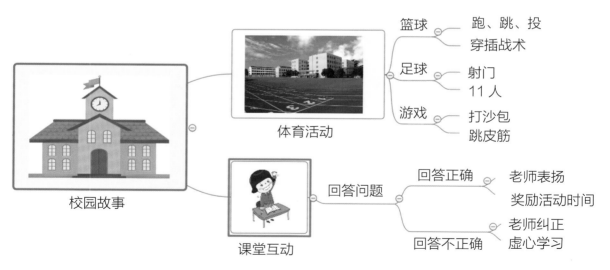

💡 从体育活动作者想到了篮球、足球和游戏，从课堂互动作者想到了回答问题。接着从第二级的联想，写出了下一级的联想，以及再下一级的联想。比如，从足球想到了射门，多令人激动啊；又想到了足球队有 11 个人，真是团队合作的活动。从回答问题想到了两种结果，一种是回答正确，另一种则是回答错误。从回答正确联想到老师会表扬，还可能奖励全班活动时间；假如回答不正确，就得回家努力复习，跟上老师的进度啦。当然，从联想中我们还能继续发散。比如从射门联想到梅西，从梅西联想到"足球先生"，从"足球先生"联想到罗纳尔多……

　　停！思维导图和走神有个巨大的区别，就是思维导图是"收敛"的。我们刚才做的联想，也称为"发散"思维，是从一点出发开始思考，最终散开成为各种千奇百怪的想法。和发散对应的是收敛，发散的思维像难以驾驭的野马，我们要收紧"缰绳"以免它跑到不相干的地方去。本章的主题是校园故事，当作者发散到"足球先生"时其实已经偏离主题非常遥远了。所以，发散要适可而止，不能偏离主题一直联想下去。

　　那么我们的联想就到此为止，下面就把这幅思维导图提到的内容作为本章主题"校园故事"的要素，开始创作我们的剧本故事吧。

Step4　还记得上一节吗，我们根据六要素创作了一个剧本。而这次，我们根据思维导图直接创造剧本，信息更加丰富。下面是作者创作的两个剧本，根据思维导图写出的故事因人而异，没有标准答案。小朋友也可以根据自己的思维导图创造自己的故事。

　　故事 1：小猫非常开心地去学校上课，在课堂上老师提了一个问题，小猫成功地回答了出来，于是老师承诺提前下课，允许大家去体育场玩耍。小猫去参加了踢足球。今天真是愉快的一天。

　　故事 2：小猫非常开心地去学校上课，在课堂上老师提出了一个问题，可是问题太难了，小猫答不出来。于是小猫放学回家后没有和小伙伴出去玩，而是在房间里努力补习知识。今天是努力学习的一天。

Step5 用 4 张图将这个简单的故事描述出来，我们绘制了如下故事板。

　　回顾一下：刚才我们首先根据主题展开联想，绘制了一幅关于校园生活的思维导图；接着根据思维导图记录的联想和创意，写了两个简单的小故事；最后根据小故事绘制了故事板。至此小朋友已经跟着作者一起完成了从一个主题词扩展到一整个故事的过程了，接下来就可以根据故事制作动画了。

　　在制作动画之前，作者想请小朋友思考一下，这样从思维导图到创作故事的过程像不像语文课的写作文呢？其实小朋友可以将这个方法用在写作文的构思上，相信掌握了思维导图的小朋友今后对写作文就再也不会头痛了。

　　对"校园故事"这个主题，你会想到哪些要素，写出什么故事，创作出怎样的故事板呢？在下面写、画出来吧！

思维导图：

故事：

场景 1：

场景 2：

场景 3：

场景 4：

 任务的分解与实现

　　在上一部分，作者创作了两个故事，但两个故事板的前两幅画面是一模一样的。在 Scratch 的创作中，可以使用判断语句，将两个故事做入一个动画作品中。在动画中加入提问的环节，由用户填写答案，如果答对则进入回答正确的结局，否则进入回答错误的结局，这样就将两个故事结合起来了。

校园故事

场景 1：上学场景

刚才绘制的故事板中，场景 1 是小猫高高兴兴去上学的场景。在这个场景中，小猫从屏幕左下角走向校园大门，随着越走越远，小猫看起来也越来越小。还记得上一章魔法城堡中学到的定位与消息技巧吗？这个场景也是依靠上一章的技巧实现的。但是这个故事与魔法城堡故事不同的是，这次的程序将以背景的程序作为主逻辑，由背景来发布消息控制各个角色。使用角色或背景发布消息都能顺利地完成编程任务，本书将尽可能多地展示各种思路。

Step1 选择小猫作为角色，校园作为场景 1 的背景。

Step2 选定背景，对背景编写程序。在场景 1 中，清除所有的特效，将舞台背景切换为学校 school1，并发出一条消息用于触发小猫角色的动作。别忘了广播前要先创建名为"动画开始"的消息。

Step3   选定小猫角色，为小猫编写程序。使用魔法城堡介绍过的技巧，对小猫进行编程，让小猫在接收到"动画开始"的消息后开始场景 1 的动作，在移动的同时进行造型和大小的变换。

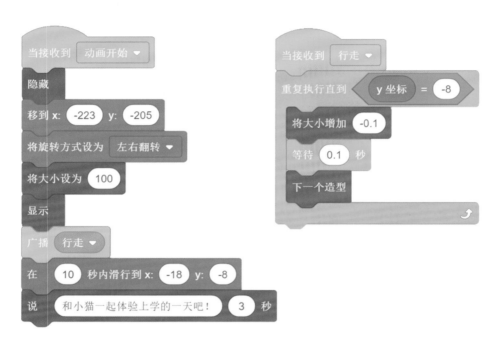

💡 利用之前介绍的定位技巧，先把小猫角色拖到起点，将【移到 x: …… y: ……】拖到编程区，再将角色拖到终点，将【在……秒内滑行到 x: …… y: ……】拖到编程区，就能实现小猫从起点慢慢移动到终点的功能。

在滑行前添加【广播行走】，这样在滑行的 10 秒内，小猫可以同时执行【当接收到行走】之下的代码。小猫接收到"行走"消息后，重复执行【将大小增加 –0.1】【等待 0.1 秒】【下一个造型】，直到小猫的 y 坐标等于目标值 –8。最后，在移动到位后，小猫说："和小猫一起体验上学的一天吧！"这样，就完成了场景 1 的设计。

场景 2：课堂提问

在场景 2 中，老师提出了一个问题要小猫回答。场景 2 和场景 1 相比，背景产生了变化，角色增加了一个，并且小猫的位置和大小发生了变化。为了实现一个场景到另一个场景的转场过渡，我们可以设计一个转场过渡模块。之前在魔法城堡中介绍了"自制积木"的概念，它可以将一长串程序封装成为一个积木。其实自制积木还有更强的功能，接下来就一起看看。

考一考

想想看怎么用自制积木实现转场？

希望小朋友能编写一个名为"转场"的自制积木，实现让小猫在 1 秒内逐渐消失，然后移动到 $x = -178, y = -172$ 的位置，同时大小变为 100，接着在 1 秒内小猫逐渐出现，最后发布一条"老师出现"的广播。

Step1 希望小朋友都能经过独立的思考完成这个
自制积木。大概程序如图所示。

💡 就问题本身而言，这个程序完全正确，能够实
现我们要求的功能。但是，如果有完全不同（角色移动
的位置不同，发布的消息不同，角色的大小不同）的两
次转场，我们就得分别制作两个转场的自制积木，而两
个积木唯一的区别就是参数框里的数字不同而已。有没
有办法让一个自制积木满足所有转场的需求呢？

Step2 给自制积木增加参数。注意看制作新的积木时下方的 3 个选项：其中输入项
就是用于积木内部运算的参数，它可以是数字，逻辑值（是或否），也可以是
文字；文本标签可用于描述这个参数的意义，它只能用于描述，不能被积木内
部运算使用。对于转场这个自制积木，可变的参数有 x 坐标、y 坐标、发布
消息的名称、角色的大小，那么我们就设计一个包含这些参数的自制积木。

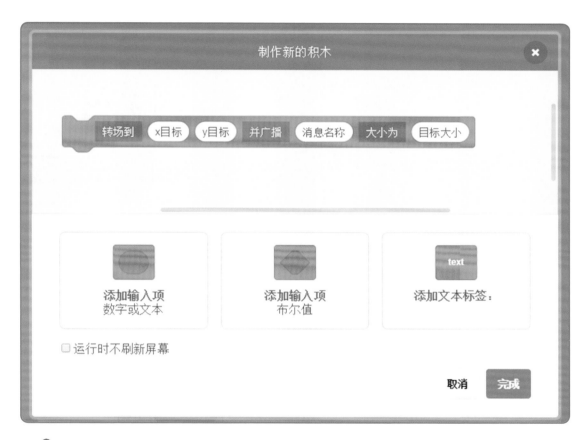

💡 这样我们就创建了一个包含 4 个输入参数的自制积木了。接下来将之前的转场函数略作修改。

Step3 重新定义转场积木，将填写数字的积木如【移到 x:…… y:……】中的数字用自制积木中的输入项代替。试试将【x 目标】拖到【移到 x:…… y:……】中的参数框里。同理，目标 y 坐标、角色目标大小、消息名称等参数都可以拖进积木需要填写的参数框里。

💡 有了这个自制积木，我们的转场就方便啦，直接调用积木，输入参数即可。

Step4 为小猫的程序增加如下内容。别忘了要创建新的名为"老师出现"和"场景2开始"的消息，否则将无法选择这两条消息。

Step5 在场景 2 中还有一个老师角色，我们增加一个角色。

Step6 老师这个角色在场景 1 中没有出现，所以在场景 2 开始之前都要保持隐藏，并移动到舞台右侧。为了配合转场，其亮度特效数值也要调至最低值 −100，和小猫最后一样变成黑色。（亮度特效数值为 0 时，角色颜色正常，亮度特效数值为 100 时，角色全部变白，亮度特效数值为 −100 时，角色就变为黑色。）

Step7 当老师角色接收到"老师出现"消息时，需要和小猫步调一致地增大亮度。紧接着老师要提出问题询问小猫。程序编写如下。

💡 要注意，这里使用了"询问"语句，它究竟是为什么呢？这里先留一个悬念，我们将在场景 3 中详细介绍。

至此，场景 2 的角色代码就写完了，接下来开始设计背景的程序。

考一考

角色转场时会慢慢变黑，背景也要和角色一样先变黑再变亮。你能否根据小猫的转场功能，为背景编写一个名为"转场到（ ）"的自制积木（括号内是目标背景的名称），使背景的亮度在 1 秒内减少 100，然后将背景更换为目标背景，接着使背景的亮度在 1 秒内增加 100。

Step8 参考小猫的转场功能，选中背景，为背景编写转场的自制积木。背景的转场功能简单得多，可以写成如下形式。这样一来无论是哪个转场，都可以使用这个自制积木来切换背景并达到亮度渐变的效果。

Step9 最后，将场景 2 在舞台背景的程序中触发，将背景的程序改写如下。

单击 ▶ 运行试一试吧。到此为止，我们的动画已经完成一大半了。

场景 3：剧情的分支

　　针对老师的提问，不同的答案会导致不同的结局。回答正确后，老师会奖励小猫去踢球，而回答错误则要回家努力复习，跟上学习进度。接下来，我们就讲解如何用"询问"语句实现剧情的分支。

　　还记得场景 2 中老师的程序吗？当时没有仔细介绍"询问"积木的功能，这里我们介绍一下，【询问……并等待】能够将填入其中的文字显示出来，并弹出一个对话框，在用户填入答案之前程序将停在这里不再继续。和"询问"积木对应的是"回答"积木，"回答"积木就是让用户在询问积木中输入答案并单击确定。

　　为了更好地理解这个模块，我们执行如下程序试试看。

程序执行后弹出对话框，在对话框中输入任何文字，并单击 ✅，该角色就会重复你输入的内容。这其实是一种非常常见的"人机交互"形式，是用户与计算机沟通的重要形式。

Step1 新建两条名为"回答正确"与"回答错误"的消息。

Step2 扩写老师的程序，使回答不同的答案触发不同的结局。

如此一来，根据用户的答案，就能触发不同的结局了。怎么样，这有没有让你想起一些有对话的电子游戏呢？这些游戏能让玩家选择不同的对话从而触发不同的剧情，这些游戏的设计和这个"询问"积木基本是一样的。

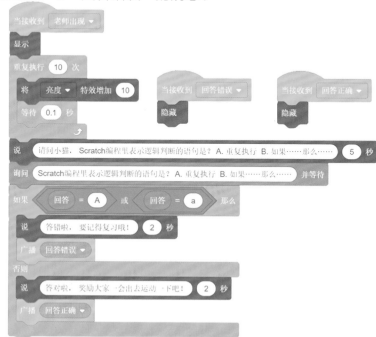

场景 4：回答错误结局

故事 2 中写了，小猫回答错误后，回家努力复习，跟上学校的节奏，这一次我们来编程实现这个功能。

Step1 定义一个"淡出"自制积木，用于让小猫角色慢慢变黑，最终与结束背景融为一体。

Step2 当小猫接收到"回答错误"消息后，先使用转场功能配合背景程序转换场景。与此同时，背景的程序会在转场的同时切换，让转场看起来天衣无缝。最后，为了使背景切换为结束背景，小猫广播了名为"剧终"的消息，并执行【淡出】积木，配合背景在舞台上消失。

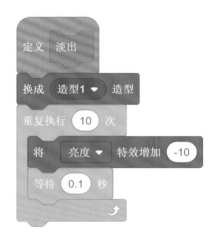

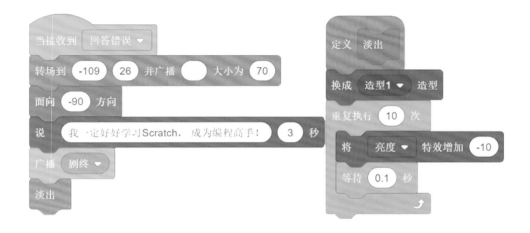

Step3 选中舞台背景，为背景编写程序。至此，故事 2（回答错误结局）已经编写完毕。快单击 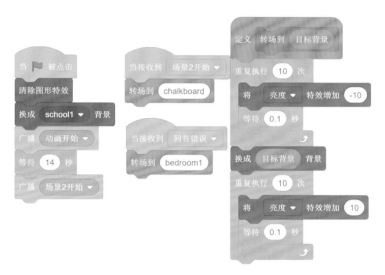 执行整个程序，看看整体效果吧。

最后，就是充满挑战的回答正确结局了，一起继续吧！

场景 5: 回答正确结局

终于到最后一步啦,真令人激动。这一步我们将完成较为复杂的回答正确结局的程序编写。

Step1 在故事 1 中,小猫回答了正确答案,老师允许小猫去踢球。首先要增加足球作为角色,并增加球场和"The End"作为结束背景。

Step2 足球和老师一样,都是缓慢出现,剧终后缓慢淡出。参考之前的程序,将足球的程序编写如图。

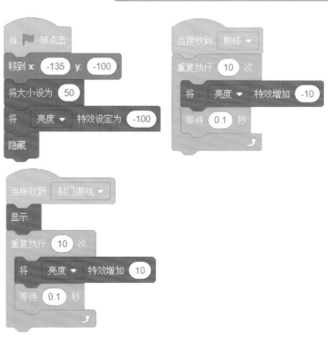

Step3 小猫在场景 3 和场景 4 中都出现了，因此小猫需要使用转场功能配合背景更换，从场景 3 中渐渐消失，在场景 4 的足球旁出现，并广播"剧终"用于触发结束画面。因此，为小猫增加以下程序。

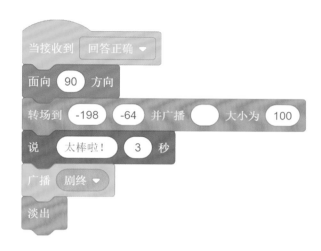

Step4 最后，在广播"剧终"消息后，背景要切换为结束背景"THE END"，为背景增加如下程序。

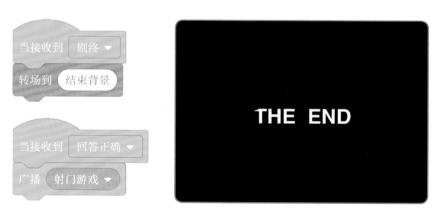

到此为止，你已经和作者一起从"校园故事"的主题开始，创作了一幅思维导图，又根据思维导图写出了两个小故事，最后使用 Scratch 将两个小故事做成了一个多结局的交

互动画。能够完成这一节内容的小朋友都是最棒的，给自己一点奖励吧！

　　什么？还想继续挑战更多？别急，先回顾一下本章内容，把本章内容完全消化以后再向下一章进发吧！

练一练

　　小朋友们已经跟着本章一起，从一个主题开始，做出了一个完整的动画。你们是否还记得本章开始提出的学习重点呢？别急着回答，下面就是检验你们学习成果的时候了。试着根据下面的关键词画出思维导图，然后写出自己的故事，接着绘制故事板，最终根据故事板做出一个动画作品。最后，别忘了将作品上传到社区，你会收到其他小朋友对你作品的评价的。

　　请根据主题"家庭聚会"绘制思维导图，创作小故事，并绘制故事板，做出Scratch 动画。

 本章小朋友应当掌握的内容

- 根据关键词绘制思维导图。
- 熟练使用故事板。
- 任务分解思维。
- "自制积木"和"发布消息"的使用技巧。
- "询问"模块的使用技巧。

第 **3** 章

用动画记录生活——我的假期

　　小朋友们已经跟着作者一起学习了如何使用故事板设计动画、如何使用思维导图创作故事。下面我们就要尝试将生活中发生的事情制作成动画。在这一节，我们就结合故事板、思维导图，来学习怎么把生活中发生的故事通过 Scratch 动画的形式呈现出来。

本章学习重点

　　1. 学习在 Scratch 中添加和使用多媒体素材，通过导入图片的方式制作独一无二的角色或背景。

　　2. 持续用故事板帮自己创作，设计并画出自己假期的故事板草图。

　　3. 继续将大任务分解成小任务，逐个击破。

　　4. 用思维导图帮助自己厘清创作思路和创新点，发散自己的思维，并在合适的地方停止无限的联想。

用思维导图帮你"创作"

上一章已经介绍了思维导图的概念与绘制方法。我们从校园活动出发延伸出非常多的联想，甚至一度"刹不住"。思维导图除了能够帮我们进行创作，也可以帮我们归纳生活中的故事。比如本章题目"我的假期"，如果让你以此为题直接创作动画，你可能会觉得难以下手，但如果先以此为主题绘制思维导图，就会简单得多。

Step1 以作者自己的假期为例，作者绘制了如下思维导图。

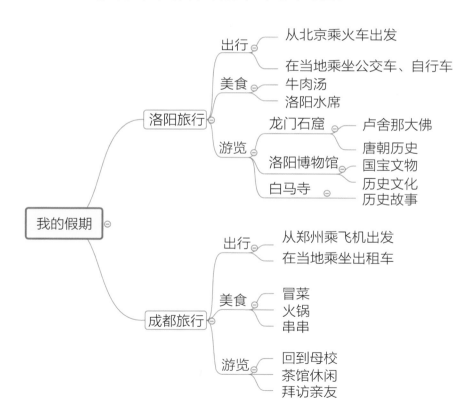

💡 相信从作者的思维导图中，小朋友很快就能领略到这是一次体验美食和了解历史文化的旅行。这幅导图并没将思维无限地发散下去，否则即使一个小主题也能写成一本书了。按照这样的思路来描写假期，怎么可能写不出来呢？不过素材太多也成了问题，做动画和写作文一样，不能什么东西都往里填，一定要对素材有所取舍。

像作者的这幅思维导图，坐出租还是公交车对旅行来说其实没那么重要，可以忽略不计；美食虽然尝试很多，但总不能顿顿都交代一下，选择最有代表性的就好；游览的地方虽然丰富，也不至于全都详细描写，选择自己最喜欢的也就够了。这样一来，我们就能在思维导图的海量素材中选取最值得描绘的内容进行描写，创作出该主题的作文或动画了。

Step2 现在把上面这幅思维导图提到的内容作为"我的假期"的要素，开始创作我们的动画剧本吧。根据思维导图写出的故事因人而异，没有标准答案。小朋友也可以根据自己的思维导图创作自己的故事。

> 小猫（作者）的假期过得非常愉快，想要与大家分享。这个假期，小猫先从北京出发前往洛阳，在洛阳参观了卢舍那大佛，并学习了唐朝的历史文化，深受震撼。然后从洛阳出发，乘飞机前往成都，品尝了成都最具代表性的九宫格火锅。真是一个愉快的假期啊！

Step3 用 5 张图将这个简单的故事描述出来，绘制如下故事板。

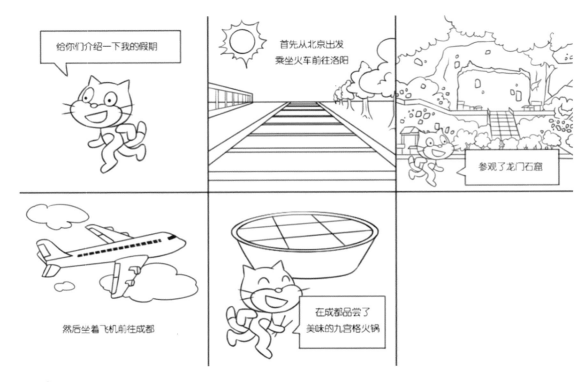

💡 回顾一下：刚才我们首先根据主题展开联想和回忆，绘制了一幅关于假期的思维导图；接着根据思维导图记录的要素，写下想要用动画描述的剧本，最后根据剧本绘制了故事板。这是小朋友第三次用这个流程创作动画了，希望小朋友能养成利用这个流程进行创作的习惯。

对"我的假期"这个主题，你会想到哪些，写出什么故事，创作出怎样的故事板呢？在下面写、画出来吧！

思维导图：

故事：

场景 1：

场景 2：

场景 3：

场景 4：

任务的分解与实现

　　小朋友可能已经发现了，下面这个动画中的背景并非是 Scratch 系统提供的，而是真实世界的照片。本节我们将学习如何在 Scratch 中使用多媒体素材。

我的假期

场景 1 与场景 2：旅行的分享

Step1 根据刚才绘制的故事板，场景 1 是小猫说要介绍自己的假期，所以我们首先选择小猫作为角色，并选定小猫讲话的背景。这些都是多次提及的操作技巧，就不再赘述了。

Step2 选定小猫，为小猫编写程序。场景 1 中小猫只有说话一个动作，因此程序非常简单，除了设定小猫的初始位置和大小外，小猫只需要说出设定的台词即可。

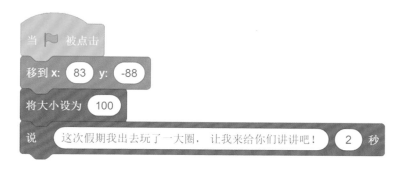

Step3 添加【bedroom2】背景，选定背景，为背景编写程序。场景 1 背景的程序也很简单明了，只需更换背景，并且等待 2 秒让小猫把话说完。

考一考

　　场景 1 虽然很简单，但场景之间的切换也应该和"校园故事"一样，有一个淡入淡出的效果。因此，参考上一节的内容，希望小朋友能为角色和背景各增加一个自制积木来完成各个场景的切换。

Step4 参考上一章的内容，使用相同的思路，编写角色转场的自制积木（左）与背景转换的自制积木（右）。请注意，角色转场的自制积木是小猫的程序，因此需要选定小猫后编写；背景转换的自制积木是背景的程序，因此需要选定背景后编写。

Step5 选中小猫，调用自制积木完成小猫的程序。思路为：小猫配合背景的变换，从场景 1 室内来到场景 2 铁路，说出了旅程的第一站，说完广播一条"火车开走"的消息，用于触发接下来的转场动作。

Step6　选中背景，调用自制积木完成背景的程序。思路为：背景首先换成卧室背景，等待小猫说话 2 秒后，转换成场景 2 铁路背景。

我坐火车从北京出发，先去了龙门石窟。

💡 这样一来，场景 1 和场景 2 之间的淡入淡出转换就完成了。小猫会配合背景一起慢慢变黑，与背景融为一体，新的背景慢慢出现，小猫也在新的位置和背景一起慢慢出现。

Step7　下面就是实现小猫在铁轨上行走的动作了。当接收到"火车开走"的消息后，小猫沿着铁轨行走，越走越远，越来越小，最后广播"龙门石窟"消息触发场景 3。这是"魔法城堡"和"校园故事"中常用的一个技巧，相信不用看给出的范例你也一定能独立完成。

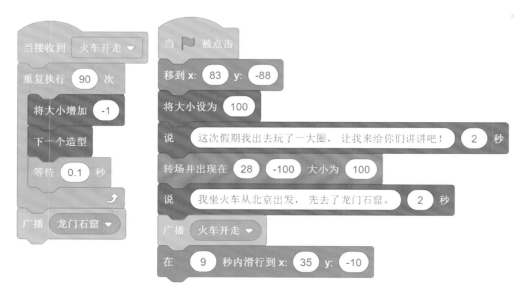

　　这样一来，场景 1 和场景 2 就已经完成了，单击 ▢，试试刚才编写的程序是不是达到了期望的效果吧！

场景 3: 导入多媒体

在场景 3 中，要使用龙门石窟的照片作为背景，可是 Scratch 中怎么也找不到这个背景，这可怎么办呀？别着急，Scratch 不仅能用官方提供的角色和背景，更支持上传各种自定义的多媒体素材。所谓多媒体素材，其实就是图片、声音、视频等，小朋友可别被"高大上"的名词给搞晕了。接下来一起尝试一下，把一张龙门石窟的照片导入到 Scratch 中。

Step1 单击右下角的添加背景按钮 ，选择上传背景 。

Step2 在弹出的文件浏览框中选择龙门石窟的照片，单击打开。

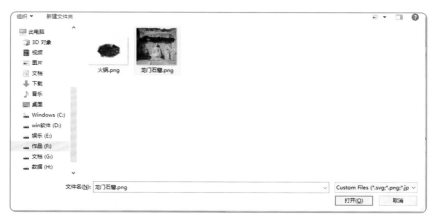

Step3 这张图片就会作为一幅背景被导入到 Scratch 中了。导入后的背景名和文件名是一样的，也叫作"龙门石窟"。

考一考

　　虽然已经成功导入了多媒体背景图片，但是如何完成场景 3 的制作呢？请小朋友尝试编写程序。

Step4　在场景 2 中，小猫接收到"龙门石窟"消息后，转场并更改大小，在转场完毕后，小猫说出感想。最后，广播"飞机"消息，触发下一场景。

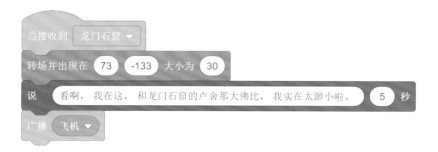

Step5　选定背景，为背景编写程序。背景的程序更加简单，只需要转换到相应的背景即可。增加程序如下。

场景 4：飞机飞过

接下来制作场景 4，小猫坐飞机去成都的场景。

Step1 首先在角色列表中上传一个飞机角色，以及场景 4 的背景"Hay Field"。

Step2 选中飞机角色，对其进行编程。飞机在接收到"飞机"的广播消息时才能出现，在这之前要保持隐藏。在收到消息后，飞机先等待 1 秒再出现，然后从舞台左侧飞向右侧，最后消失。

Step3 小猫和背景的程序（左侧为小猫程序，右侧为背景程序）和上一场景基本相同，还是简单的转场与说台词，广播消息开启下一场景。记得要新增广播的消息，否则无法广播。

场景 5：四川火锅

在场景 5 中，小猫介绍了吃火锅的经历，此处又要导入一张图片作为背景，一起来制作这最后的场景吧。

Step1　将火锅的照片添加进舞台作为场景 5 的背景。

Step2　将"The End"图片添加进来作为结束背景。

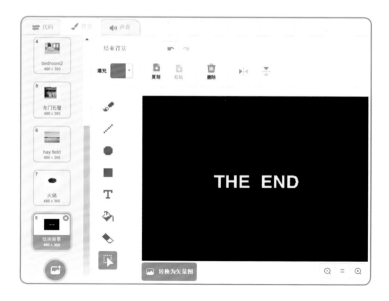

Step3 选中小猫，为小猫编写程序。当接收到"去成都"的消息后，小猫要配合背景的转换进行转场。转场到场景 5 后，小猫介绍了吃火锅的经历，并且希望看这个动画的小朋友也能分享自己的假期经历。最后广播结束，小猫慢慢降低亮度，与黑色的背景融为一体。

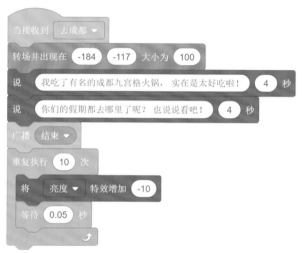

Step4 选中背景，为背景编写程序。当接收到"去成都"消息后，背景转换为"火锅"，接收到"结束"消息后，背景转换为"结束背景"，最终动画结束。

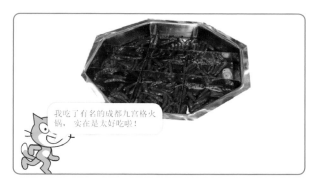

　　至此，小朋友已经和作者一起从"我的假期"主题开始，创作了一幅思维导图，又根据思维导图写出了故事大纲，根据大纲绘制了故事板，最后使用 Scratch 根据故事板做成了一部完整的动画作品。真的是太了不起了！不知道小朋友有没有在这一章的编程中感受到"自制积木"的强大与方便呢？只要任务分解得当，并制作出能够反复使用的自制积木，就能够大大地减少制作动画的工作量，希望小朋友能熟练运用这个技巧，成为编程高手！

　　至此，"第一部分　看自己做的动画"已经结束，希望小朋友能够在这 3 个案例中有所收获，掌握创作动画的思维工具与 Scratch 编程技巧。在下一部分，本书将带着小朋友一起用 Scratch 制作好玩的游戏，并在制作中探索一些创新思维工具。这些工具能够帮助你们将掌握的技巧和知识重新排列组合，形成新的创意与作品。

练一练

　　小朋友已经跟着本章一起，从一个主题开始，做出了一个完整的动画。你们是否还记得本章开始前提出的学习重点呢？别急着回答，下面就是检验你们学习成果的时候了。试着根据下面的题目画出思维导图，然后写出自己的故事，接着绘制故事板，最终根据故事板做出一个动画作品。完成作品后，别忘了将作品上传到论坛，你会收到其他小朋友对你作品的反馈和评价的。

　　请根据主题"记一次难忘的事"，绘制思维导图，写出故事梗概，绘制故事板，做出 Scratch 动画。

本章小朋友应当掌握的内容

- 学会在 Scratch 中使用多媒体素材。
- 将制作故事板变成一种习惯。
- 将任务分解思维变成一种习惯。
- 将使用思维导图整理想法变成一种习惯。

2 第二部分
玩自己做的游戏

本部分将教小朋友如何创作游戏，也就是如何将自己的想法变成创意，并用Scratch制作出来。与动画不同的是，游戏更需要用户的参与，需要设置更多的人机交互环节。所以在这一部分，小朋友也会更多地学习到如何操纵角色对象和设置游戏规则等。

第 4 章

射击游戏——太空射击

从《魂斗罗》到《毁灭公爵》，游戏从二维世界跨向三维世界；从《反恐精英》到《使命召唤》，游戏从"像素块"画质逐渐走向电影画质；从《使命召唤》到《绝地求生》，游戏从小地图走向沙盒世界。射击游戏自诞生之日起，不断变化、升级，但是其玩法内核一直没有改变。本章就请小朋友和作者一起，分析射击游戏的特点，并用Scratch 做出一款简单的射击游戏。

本章学习重点

1. 学会"模仿"：小朋友经过本章的学习，可以掌握"模仿"这一创作方式，能够借鉴好的作品，创作自己的作品。注意，"模仿"不是"临摹"。

2. 克隆体的高阶应用：小朋友经过本章的学习，应当能够用克隆体实现子弹横飞的效果。

模仿他人，站在巨人的肩膀上

临摹与模仿

临摹

临摹指的是照着原作写或画，多用于书法、绘画领域。在工程师的成长过程中，"临摹"他人的项目或作品同样是很重要的一环。临摹作品并不是按照他人的制作过程一步一步照抄过来，而是仿照他人的作品，尝试以自己的方法实现。假如在实现过程中出现了困难，再去查询他人作品的实现细节。这个过程有点像写作业，看到题目后要自己思考完成，遇见问题了再去查询答案。

模仿

与追求和原作尽可能一致的临摹不同，模仿是要将自己的创意在模仿的对象上实现。比如下面即将介绍的模仿《小蜜蜂》游戏玩法创作的《太空大战》游戏，就是模仿的一种体现。相信小朋友学完本书后都能从临摹走向模仿，并产生自己的创意。

在任何一个领域里，"模仿"都是"小白"走向"大师"的必经之路。如果你去看过毕加索的画展，你就会惊讶地发现画展上有毕加索模仿他人的作品。下面的两幅画作，左侧的是委拉斯凯兹的《宫娥》，右侧则是毕加索对这幅画的模仿。这两幅画非常形象地诠释了什么叫作"模仿"。"模仿"不是"临摹"，不是照着原作一笔一画地"抄"，而是带有个人想法的借鉴和创作。

　　我们再看看游戏中的模仿与创新。以《魂斗罗》为例，《魂斗罗》是 Konami 公司在 1987 年推出的一款 2D 射击单机游戏。该游戏改编自著名影片《异形》，游戏中最后几关的敌人形象设计与《异形》中的怪兽非常相似，可以说是借鉴了《异形》中对怪物和环境的设定。这也是"模仿"的一个范例。

近几年某游戏平台上一款二维游戏《泰拉瑞亚》就借鉴了三维游戏《我的世界》像素化的风格以及丰富的材料系统，甚至成为"模仿"游戏平台上一款极受好评的独立游戏。这也是成功的"模仿"，甚至"模仿"出了自己的特色。

举了这么多的例子，是希望小朋友能够了解"模仿"能让我们"站在巨人的肩膀上"创新，做得更好，看得更远。"模仿"也是我们学习知识技能的必经之路。当我们模仿得多了，学习得多了，就能慢慢拥有自己的风格，产生自己的想法，最终创作自己的作品了！

如何模仿

理论讲起来简单，实践却并不容易。要通过模仿做出自己的作品，需要先学习他人的好作品，尝试去做一遍。针对自己做不出的地方，不能简单地看过他人的解法就一带而过，一定要看一遍、做一遍、再消化一遍。看一遍是指了解他人的做法，思考并理解其为什么要这么做；做一遍是指理解后，用看来的思想或方法解决自己手上的难题；消化一遍是指在其他作品或项目中遇到了同样的问题时，尝试用学到的思想或方法进行解决。经过这 3 个过程，就能总结出解决某类问题的基本思想或常用方法，并且能够将这种思想推广到其他领域，达到举一反三的效果。

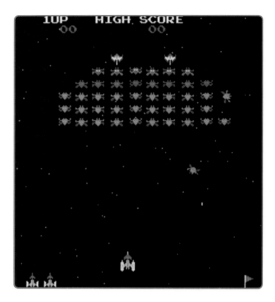

以现在的眼光来看这款诞生于 1979 年的电子游戏《小蜜蜂》的画面，简直就是"像素块"，但是这并不影响当年这款电子游戏风靡全球。从图片中可以看到，这款游戏可以说是一目了然，玩家通过控制屏幕下方的飞机躲避敌人的进攻，同时在空隙中向敌机射击得分。这种简单的二维游戏非常适合小朋友用 Scratch 模仿制作。先看看我们想要做成的效果吧。

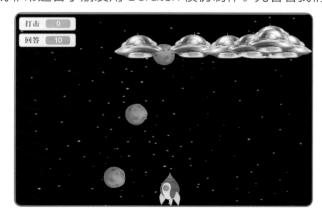

任务的分解与实现

　　前面的动画部分是根据不同的场景将整个故事分解为若干个小故事，然后一一实现，最终组合在一起，然而制作游戏不能用这种办法。比如《小蜜蜂》这款游戏就只有一个场景，显然无法根据场景分解。但是这款游戏可以分解为敌方飞碟、我方飞船、子弹、障碍物几个元素，再将它们组合在一起实现一个游戏。

太空射击

角色与背景创建

Step1　选择名为"Spaceship"的角色作为我方飞船。在游戏过程中，我方飞船也有被击中的可能，因此要为我方飞船准备一个爆炸造型。小朋友可以到网上搜寻相关图片。在为角色增加造型时，先单击添加造型按钮，然后单击上传造型按钮上传造型，选中爆炸的图片，就能够将其导入 Scratch 中。

Step2 为游戏选择合适的背景，这里选择了名为"stars"的背景，比较符合太空战斗的环境设定。

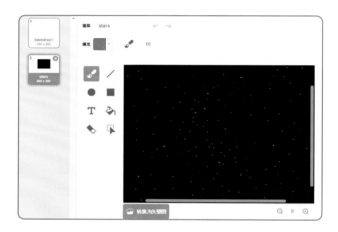

除了我方飞船之外，还要添加敌方飞碟、障碍物以及子弹角色。

Step3 使用飞碟的素材图片作为敌方飞碟的角色，并用和我方飞船同样的方法增加爆炸造型。

 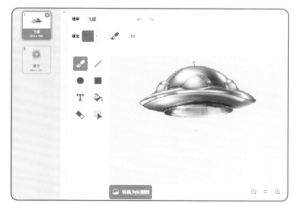

Step4 使用小行星的图片作为障碍物的角色，用同样的方法将小行星图片导入 Scratch 中。

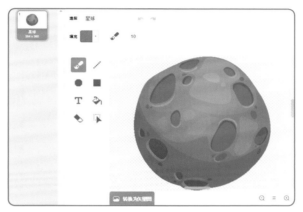

Step5 使用 Scratch 自带的绘图功能绘制最后一个角色——子弹。这是一个小小的黄色长方体，绘制时要注意子弹的大小。如果子弹绘制得过大，可以在程序中用设置大小的语句进行调整。

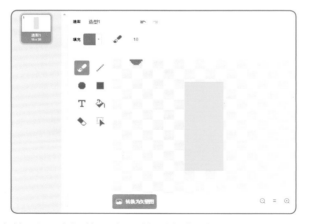

角色和背景创建完毕后，我们就可以开始对角色编程了。

元素 1 —— 我方飞船

我方飞船要实时受到玩家的控制。在一般的同类游戏中，通常是使用"上下左右"四个方向键控制飞船移动，用"空格"键控制飞船发射子弹。如果我方飞船碰到飞碟或障碍物，游戏就结束。

考一考

为了实现上述我方飞船功能，应该如何编程呢？希望小朋友先尝试自己的方法，再向下阅读书中给出的答案。

Step1 选定我方飞船角色，对其进行初始化设定。将飞船设为 spaceship-a 造型，面向 90 度方向，使飞船保持姿态，设置旋转方式为左右翻转，避免飞船旋转，最后将大小设定为 30（大小参数可以根据小朋友自己的喜好设定），这样一来，飞船的初始化就完成了。

💡 所谓初始化，就是设置对象的初始状态。这样做的好处是，每次启动程序，所有的角色、背景都回归到设定好的初始状态。

Step2 飞船的控制需要同时用到【重复执行】与【如果……那么……】积木，不断地重复判断玩家是否按下了键盘上的"上下左右"四个方向键。如果按下"上"键，就将 y 坐标增加；如果按下"下"键，就将 y 坐标减小；如果按下"右"键，就将 x 坐标增加；如果按下"左"键，就将 x 坐标减小。

Step3 除了判断按键，也要判断我方飞船是否碰到了飞碟和障碍物。如果碰到了，就切换成爆炸造型，并判定游戏结束，停止所有脚本。

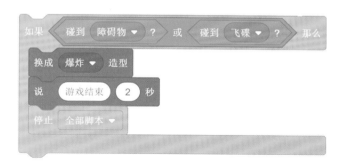

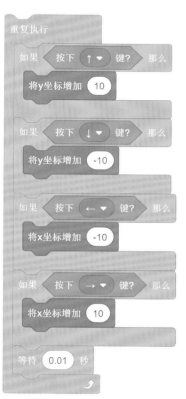

💡 初始化、控制移动、判断游戏失败的功能都实现了，把它们组合到一起就完成了我方飞船的所有程序。完成后，单击 🚩 试试控制飞船的感受吧。

```
当 🏳 被点击

换成 spaceship-a ▼ 造型

面向 90 方向

将旋转方式设为 左右翻转 ▼

将大小设为 30

重复执行
    如果 按下 ↑ ▼ 键? 那么
        将y坐标增加 10

    如果 按下 ↓ ▼ 键? 那么
        将y坐标增加 -10

    如果 按下 ← ▼ 键? 那么
        将x坐标增加 -10

    如果 按下 → ▼ 键? 那么
        将x坐标增加 10

    如果 碰到 障碍物 ▼ ? 或 碰到 飞碟 ▼ ? 那么
        换成 爆炸 ▼ 造型
        说 游戏结束 2 秒
        停止 全部脚本 ▼

    等待 0.01 秒
```

元素 2 —— 子弹

子弹一直跟随着我方飞船移动，但一开始并不显示，只有当按下空格键后，子弹复制一个克隆体，克隆体从当前位置一直向上飞行，直到碰到舞台边缘或敌方飞碟才会消失。

子弹虽然是一个单独的角色，却是从我方飞船中"发射"出去的。因此，子弹要像装在"弹夹"里一样固定在飞船身上。这听起来很难，但是在 Scratch 中却很容易实现。利用克隆体，我们可以为每个飞船都装一个拥有无限多子弹的弹夹，每按下一次"空格"键，一个子弹的克隆体就从弹夹中发射出去。

Step1 　选定子弹角色，为子弹编程。首先将子弹大小设定为 20，避免它看起来太大。然后将子弹隐藏起来，在不发射时子弹不能被看到。最后重复执行【移到 Spaceship】语句，这样子弹就牢牢地"粘"在了飞船上。

Step2 　使用【事件】类别中的【当按下……键】可以判断玩家是否按下某个键。这里设计为当按下"空格"键，子弹就克隆自己。但是记住一定要在克隆后等待一段时间，否则克隆体太多，系统会出现卡顿。

💡 做到这里，我们只是产生了克隆的子弹，却没将子弹发射出去。要发射子弹，就要让子弹动起来。

Step3 当克隆体生成后，首先要显示出来，否则是无法被看到的。接着重复执行【y 坐标增加 10】语句，子弹才能不断发射出来。子弹还需要不停地判断有没有碰到敌方飞碟或舞台边缘。如果碰到了，就要删除自己，否则子弹在舞台上越积越多，最后会导致系统卡顿。

💡 做到这里，玩家控制的飞船已经能够发射子弹了，快试试吧。程序中的【等待 0.01 秒】是用于控制子弹飞行的速度。修改这个数字，看看效果吧！

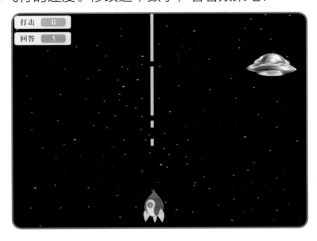

元素 3 —— 敌方飞碟

　　游戏开始时，系统首先询问玩家要对战多少敌人。玩家输入数字 n 后，敌方飞碟要克隆 n 次，并随机分布在舞台顶部区域。

Step1 选择敌方飞碟，对其编写程序。新建一个变量，取名为"打击"，并将其设为 0。这个变量用于记录总共有多少个飞碟被消灭。当生成的飞碟数量和被消灭飞碟的数量相等时，就意味着所有生成的飞碟都被消灭了，玩家胜利，游戏结束。

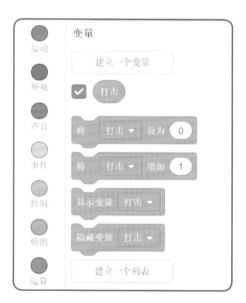

Step2 选中飞碟角色，对其编程，询问玩家要对战多少个敌人。在玩家输入敌人数量之前，敌方飞碟不做任何动作。

Step3 选中飞碟角色，对其进行初始化编程。在玩家输入了敌人数量后，下一步就是进行初始化设置。设置飞碟面向 90 度保持水平姿态，为了平衡画面再将其大小设为 30，以飞碟造型隐藏起来。这样就完成了飞碟的初始化设置。

Step4 接下来飞碟要克隆自己，克隆自己的次数等于玩家输入的次数，这对应了【询问要打几个敌人并等待】这个积木。如果玩家面对询问输入的是 1，那么飞碟就会克隆自己 1 次；如果输入的是 10，飞碟就会克隆自己 10 次。在重复执行内部，飞碟克隆自己，然后移动到一个随机位置。这个位置的坐标 x、y 值通过取随机数语句得到。【在 100 和 180 之间取随机数】表示飞碟会在 y 坐标为 100 到 180 的区域（舞台上部区域）随机出现。

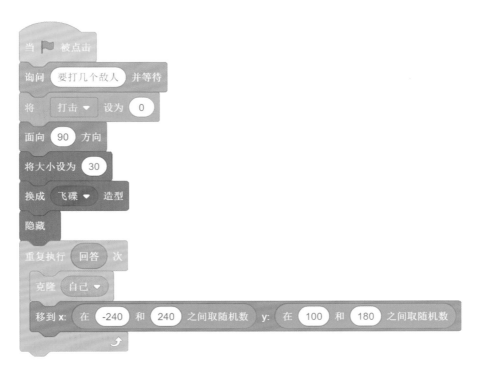

Step5 在克隆完成后，系统还要重复判断打击次数是否等于玩家回答次数。打击次
数代表着被击落敌人的数量，回答次数代表产生的敌方飞碟数量，如果二者
相等就意味着敌方飞碟都被击落了，此时游戏结束，停止全部脚本。

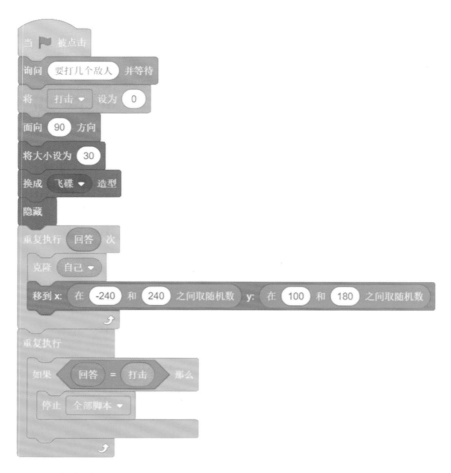

Step6 下面设计克隆出飞碟的程序，仍然选中飞碟角色进行编程。克隆产生的飞碟首先要显示出来，并向同一方向缓慢移动，碰到舞台边缘反弹回来。

Step7 飞碟如果碰到子弹，意味着这个敌人被我方飞船发射的子弹击中了，飞碟就切换为爆炸造型，并逐渐增大，最终删除。在删除之前，需要将"打击"变量增加 1。

💡 小朋友，这段程序看似复杂，但其实只是一个个功能的堆积组合。看着密密麻麻的
程序，一定很有成就感吧，赶紧运行一下试试看吧！

元素 4 —— 障碍物

障碍物不同于敌方飞碟，障碍物应当每隔一段时间在舞台顶部随机位置出现，并缓缓向下移动。为模拟小行星的效果，障碍物在移动的过程中还要不断旋转，障碍物移动到舞台底部后自动删除。

 考一考

有了敌方飞碟的制作经验，想想障碍物的上述功能应该怎么编程实现？

障碍物的功能和飞碟的功能很相似，但是飞碟是严格按照规定数目产生的，而障碍物是随时间推移随机出现的。

Step1 在游戏开始后，障碍物需要等待玩家输入敌人数量后再开始克隆，否则在玩家输入之前障碍物就会生成并开始移动。有了【等待回答＞0】这个积木，在玩家输入敌人数量前，障碍物都不会有任何动作。等待结束后，为了平衡画面大小，将障碍物大小设定为 10，并将障碍物隐藏。

Step2 障碍物每隔 2 秒移动到舞台
上方的随机位置，并克隆自
己。通过将【等待 2 秒】中
的 2 改为其他数字，可以控
制障碍物生成的时间间隔。

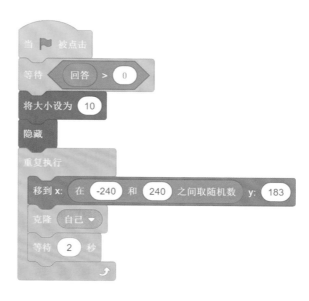

Step3 当障碍物作为克隆体启动时，首先显示
出来，然后不断地向下方移动同时旋转，
这样就能产生小行星一样的视觉效果。
在移动的同时，需要判断障碍物是否已
经移动到了舞台底端（y 坐标小于 −180
的位置），如果已经移动到了，就删除克
隆体。【将 y 坐标增加 −5】用于控制障
碍物移动的速度，【右转 2 度】用于控制
障碍物自转的速度。

此时本章的射击游戏就编程完毕了。怎么样，头一次玩自己设计的游戏是什么感觉？虽然这个游戏比不上市场上的大作，但心里的滋味却不一样吧。回头看看这些程序，还是非常复杂的，但是当我们将其以角色分解后，每个部分的制作就不那么复杂了。以角色分解任务，是制作游戏时的基本分解思路，也是一个很重要的思想，希望小朋友能熟记在心。

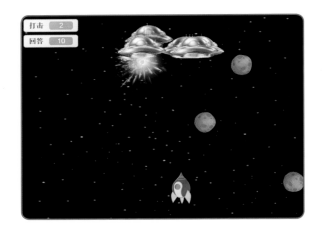

今天小朋友们跟着作者一起模仿了古老的游戏《小蜜蜂》，希望你能从中总结出经验和方法，在这个射击游戏的基础上做出属于你的创意作品，达到"站在巨人肩膀上"的境界。本章的内容只是你"模仿"的起点，尝试去模仿更多游戏，来充实你的能力吧！

练一练

小朋友已经跟着本章一起，分析了射击游戏的思路，并选择了一个简单的游戏进行模仿学习。你们是否还记得本章开始前提出的学习重点呢？ 别急着回答，下面就是检验你们学习成果的时候了。

请以本节内容为基础，将这款游戏变成双人射击游戏，和你的小伙伴一起闯关杀敌。

 本章小朋友应当掌握的内容

- 学会"模仿"这一学习方式，通过借鉴好的作品，创作自己的作品。
- 克隆体的使用方法，包括克隆体的生成与删除，以及克隆体产生后的编程技巧。

第 **5** 章

横板闯关游戏——声音闯关

横板闯关游戏虽然没有射击游戏那样刺激、画面感强烈，但却因其有趣、轻松、可玩性强的特质长盛不衰。本章就邀请小朋友和作者一起，分析一下横板闯关游戏的要素，了解通过排列组合的方式进行创新的思维方法，并制作一个由声音控制的横板闯关游戏。

本章学习重点

1. 学会"排列组合"：小朋友经过本章的学习，可以掌握"排列组合"这一创新方法，能够将一件事分解成各种元素并进行排列、替换、组合，从而产生新的创意。

2. 模拟下落的方法：小朋友经过本章的学习，可以学会模拟自由下落的编程技巧。

排列组合，创新的巨大源头

什么是创新

小朋友对创新这个词应该不陌生，但是小朋友们能否回答，究竟怎么做才能创新呢？

在这里给小朋友们举几个与游戏相关的例子，看看创新是怎么来的。我们从系统的角度分析一下游戏，对玩家来说，与游戏交互需要能看到、听到、感受到游戏的反馈，并且需要通过手柄、键盘、鼠标、触屏、体感设备来操控游戏内容，而游戏是运行在一个载体上的，比如计算机、游戏机、手机。因此我们粗略地把游戏系统分成输入设备、输出设备、载体三大部分，下面来看一下这三大部分的变迁过程。

游戏类型	输入设备	输出设备	载体
红白机游戏	经典手柄	模拟屏幕	红白机
计算机游戏	鼠标键盘	模拟屏幕	计算机主机
手机游戏	触摸屏	触摸屏	手机

续表

游戏类型	输入设备	输出设备	载体
主机游戏	手柄	平板电视	游戏主机
体感游戏	体感操控	平板电视	游戏主机
VR 游戏	VR 手柄	VR 头盔	游戏主机

　　这里只列出了 6 个主要游戏类型，可以看到游戏的输入设备、输出设备、载体随着时间推移不停地发生着变化。最开始，游戏主要运行在老式游戏机上，通过手柄控制，显示在模拟屏幕上；随着时代进步，计算机成了游戏的主要载体，人们用鼠标键盘玩游戏；手机的出现和强大，让游戏更休闲，娱乐时间更加碎片化；主机时代来临后，PS2、PSP 游戏设备横空出世，人们又用回手柄，在数字屏幕上感受震撼的三维效果；体感的发明，让人们不再窝在沙发中，能够边运动边娱乐；VR 的出现，让屏幕没有了边界，目之所及都是虚拟世界，想象力超越了界限。

　　细心的小朋友可能已经感受到了，围绕着游戏的创新大多是输入（操作）设备、输出（显示）设备、载体的创新，只要任何一方面有了新的技术，就会带来游戏产业的一次变革。

因此，创新并不是凭空出现一个新东西，在某个或某些方面有所突破、改变就可以叫作创新。

排列组合方法

下面介绍一种创新思维方法——排列组合，帮助小朋友产生创意。以 Scratch 为例，把 Scratch 的输入积木和输出积木都列出来，将他们随机连接，就产生了创意。下图是作者简单总结的 Scratch 输入和输出类型的积木，左边一列是能够从外界接收输入的积木，右边一列是能够对外界产生输出的积木。图中没有把所有的积木都列出来，比如与角色位置相关的积木非常多，还有旋转、滑行、向 y 方向移动等，就不一一列举了。

列出这样的内容后就可以开始连线组合创意了。

- 文字输入—角色特效：可以做根据用户输入改变角色颜色、亮度的动画，是初级的 Scratch 案例。
- 文字输入—发出声音：可以做八音盒小程序，输入曲名播放出来。
- 键盘—角色位置：上一章做过的射击游戏就是基于这个创意。
- 键盘—角色造型：可以做键盘控制的动画，制作有打击感的格斗游戏。

- 鼠标—背景：可以做幻灯片、电子相册。
- 声音—角色位置：可以做声音闯关游戏，也就是本章要做的内容。
- 声音—角色特效：可以做通过控制音量让角色变形的小游戏。
- 视频—发出声音：可以做通过视频控制钢琴的小游戏，或者打鼓小游戏。
- 时间—乐高电机：可以做早晨定时拉开窗帘的小程序，按时喂猫小程序，定时换水小程序。
- 乐高传感器—发出声音：可以做实体电子乐器，烟雾报警器，水位报警器。

以上只是随机选择了几项进行连线，每条连线都能够产生一个创意 Scratch 项目。如果把上图所有可能的连线都列出来，总共有 56 条，每条连线能做的内容远远不止一项。试试连出你的线，写出你的创意吧。

接下来，跟着作者一起，根据"声音—角色位置"这条连线做一个声音闯关游戏吧。本章是你开启排列组合实践之旅的第一步，希望接下来你能通过排列组合的方式制作更多充满新意的 Scratch 项目。

 ## 任务的分解与实现

和射击游戏一样，声音闯关游戏就只有一个场景，显然无法以场景分解。但是这款游戏可以分解为小鸟、障碍物两个元素，根据元素特点将它们分别实现。

声音闯关

背景与角色创建

本章我们选择的角色和背景都是 Scratch 内置的，无须从网上下载素材。

Step1 使用 Scratch 内置的角色【Parrot】作为小鸟的角色，将它添加进来。

Step2　选择绘制角色，在画布上绘制矩形图案，作为障碍物。

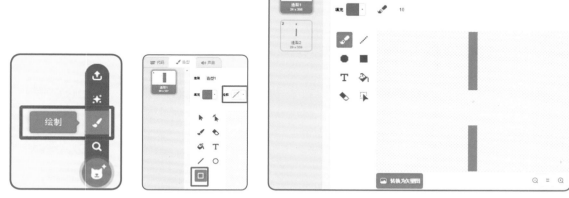

Step3　为了让障碍物空隙不总出现在同一个位置，增加一个造型，将空隙稍作位移。这样可以在不增加角色的情况下增加障碍物的形式。

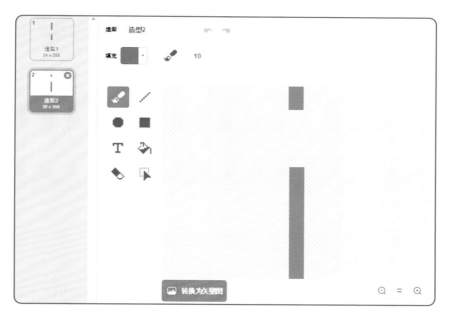

Step4　选择 Scratch 自带的背景图案【Boardwalk】作为背景。

接下来就要正式开始编写程序了，小朋友准备好了吗，一起往下看吧。

元素 1 —— 小鸟

小鸟的程序分为两部分。第一部分要设定小鸟初始位置、方向、大小，并介绍游戏玩法。在没有声音的情况下小鸟要自由下坠，头也渐渐朝向下坠方向。第二部分程序要负责监控音量的大小，当音量足够大的时候，小鸟的头朝上并向上飞。同时，这部分程序也要监控小鸟是否碰到了舞台边缘或障碍物，如果碰到就结束游戏。

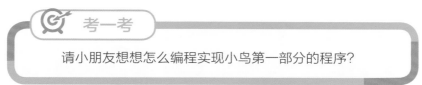

考一考

请小朋友想想怎么编程实现小鸟第一部分的程序？

初始设定

Step1 初始设定的程序并不复杂，对小朋友来说应该是轻车熟路。先让角色面向 90 度方向，这是为了让小鸟在游戏开始后朝向前进的方向（右侧）。让角色移到

$x=-200$, $y=0$ 处，这是游戏开始时小鸟的初始位置。用【说……2 秒】让小鸟介绍游戏规则。

Step2 为了让小鸟能够通过障碍物狭小的空隙，将小鸟的大小设定为 10，小朋友可以尝试修改这个值，看看不同大小的小鸟在游戏时有什么变化。

Step3 将旋转方式设为任意旋转。在本书中，大多数时候用的是左右翻转，这是因为使用的角色都行走在陆地上，如果任意旋转看起来会很违和。就像小朋友站在地上，不可能倾斜 20 度而不倒下。而本章的主人公小鸟则不同，不管倾斜多少度，都是符合自然规律的，因此在这里使用任意旋转。

单击 ▶ 运行以上程序，此时小鸟应该如图所示，出现在固定位置并说出游戏规则。接下来，就要编程实现小鸟的自由下坠了。

自由下坠

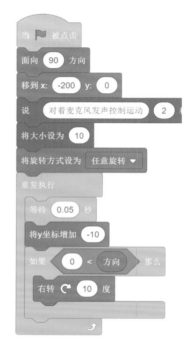

Step1 只要将 y 坐标不断减小就可以实现小鸟下坠的效果。重复执行【将 y 坐标增加 -10】，小鸟就会不断地向下移动。但是仅仅这样做，动作会很不自然。随着小鸟下坠，头应该慢慢朝下，这才让人感觉到小鸟的确在下坠而不是"平移"。

Step2 在下坠的过程中旋转小鸟的方向，让小鸟在面向角度大于 0 度时不断顺时针旋转。

💡 为什么判断条件是大于 0 度呢？看看下面这幅图就明白了。如果小鸟的朝向角度小于 0 度，小鸟就朝向左边了。既然是下坠，就要让小鸟头朝下。因此要让小鸟右转，直到方向小于 0 度再停止。

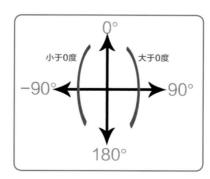

这样一来，小鸟在下坠过程中，朝向也会自然地改变，看起来就更像真正的下坠了。

声音的控制

Step1 添加一个【等待 2 秒】的积木，因为在第一部分程序中小鸟在介绍游戏的说明，如果不加这句【等待 2 秒】的积木，小鸟还没说完就飞上天了。

Step2 等待完毕后开始重复判断声音的响度，如果响度超过 20，则让小鸟面向 45 度方向，做出要冲上云霄的样子，并增加 y 坐标，让小鸟向上移动。这样就能实现用响度控制小鸟向上飞翔的效果了。

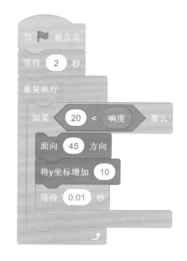

Step3 除了判断音量大小，这部分程序还需要判断小鸟是否碰到舞台边缘或障碍物，从而判断游戏是否结束。

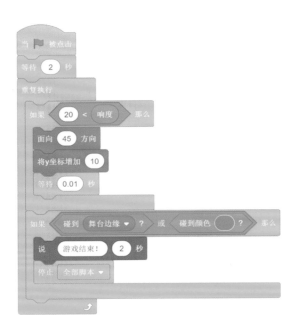

考一考

响度为什么是大于 20，难道大于 0 或其他数字不可以吗？

💡 这里的 20，就是编程中很重要的"参数"概念。修改参数会导致程序的效果改变。在这个程序中，话筒检测到的音量要大于 20 才能让小鸟飞起来。如果把 20 改成 10 甚至 0，更小的声音都能被捕捉到，从而让小鸟飞起来；假如把 20 改成 50 甚至 80，就需要更大的声音才能让小鸟飞起来。假如我们在比较安静的环境中，就可以把这个参数改小，反之可以增大。

　　根据实际经验，这个参数肯定不可能是 0 或 100。因为在现实世界中，不存在绝对安静的环境（0），而话筒能反映的最大音量数值就是 100，如果要超过 100 才能让小鸟飞起来，那就算叫破喉咙小鸟也飞不起来。不信的话，小朋友可以把 20 改一改，看看会造成哪些变化。

元素 2 —— 障碍物

　　障碍物从舞台右侧出现，向左移动，到舞台左侧边缘后消失。每次出现更换下一个造型，并将玩家得分加 1。

> 考一考
>
> 　　为了实现上述障碍物的效果，小朋友想想应该怎么编程呢？答案不一，可以用克隆体实现，也可以用其他方法。

Step1 创建一个变量，起名为分数，用于记录通过的障碍物数量，在程序开始后将其设为 0。游戏开始时要等待 2 秒用于说明规则。接下来，将障碍物移动到屏幕最右侧，完成初始化。

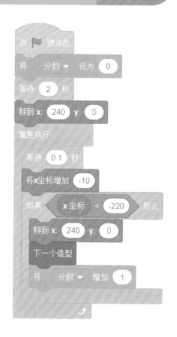

Step2 障碍物不断向左侧移动，如果已经到了舞台的左边缘，说明小鸟躲过了这个障碍物，此时障碍物就要回到舞台右边缘，切换下一个造型，同时分数加 1，障碍物重新向左移动，让游戏继续。

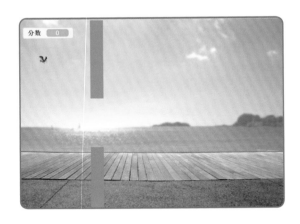 

到此为止，本章的声音闯关游戏已经制作完毕了，快试试你能得到几分吧。

本章的内容已经不单是介绍 Scratch 的技巧与知识了，更多的是教会小朋友一些思考和创新的方法。希望小朋友能将本章的排列组合创新方法使用起来，以声音闯关游戏为一个开始，尝试将所有的排列组合方案都做出来。

练一练

小朋友已经跟着本章一起，了解了创新的脉络，学习了通过连线法进行排列组合创新，并将其中一个组合的创意——声音闯关游戏制作了出来。你们是否还记得本章开始前提出的学习重点呢？ 别急着回答，下面就是检验你们学习成果的时候了。

请选择 3 个本章没有提到的连线方式，提出你自己的创意，并制作出 Scratch 动画或游戏。

本章小朋友应当掌握的内容

- 用连线法产生新的创意，并将其用 Scratch 实现。
- 在生活与学习中活学活用"连线法"，借助这种排列组合思想将一个事物各个元素替换或组合，产生新的创意。
- Scratch 游戏中角色在重力作用下下落的编程方法。

第 6 章

双人游戏——双人弹球

学习 Scratch 编程并不是一段孤独的旅程，多个小伙伴一起参与学习会事半功倍，拥有更多趣味。本章将教小朋友制作双人游戏，让小朋友能够与小伙伴一起制作和玩耍。

本章学习重点

1. 跟随案例，学习如何设计双人游戏。
2. 掌握按键技巧，学会用按键控制角色移动。
3. 学会将 Scratch 变成集体娱乐活动，而不是个人的"狂欢"。

双人游戏，让编程充满欢乐

　　每当说到学习编程，学习 Scratch，大家脑海中是否就会浮现出一个小朋友孤独地坐在计算机前学习的画面呢？实际上，小朋友完全可以邀请你的小伙伴一起到家里来玩 Scratch，这比一个人学习要有效得多。

　　就像玩游戏一样，自己一个人玩总会越玩越孤独，有些游戏甚至一个人是无法过关或进行的，有些游戏在朋友加入后会变得欢乐有趣，甚至游戏本身不那么重要了，而和朋友相处的时光才是最宝贵的。

　　说到双人游戏，作者回想起的第一个就是解密游戏——《传送门》。在这款游戏中，玩家和队友各扮演一个机器人，各自能够产生一个传送门，两个玩家要共同利用自己的聪明才智才能闯过一关关的谜题。

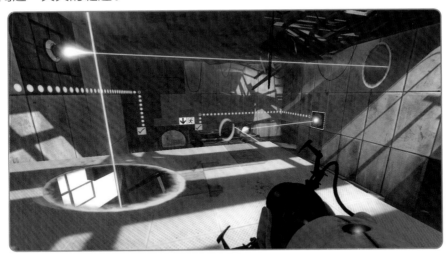

　　编程也一样，当小朋友们共同面对问题和挑战时，通过相互帮助和协作克服困难，多有成就感啊！在多个人协作编程的时候，沟通的作用远远大于编程技巧和知识。在合作中，小朋友可以磨炼自己的表达和理解能力，试着去理解对方的想法，并将自己的见解精准地传达出去。

　　本章就将带给小朋友一个非常适合两个人一起开发，共同玩耍的双人游戏。快叫上你的小伙伴，一起来学这一章吧。

　　本章将要制作的是双人弹球游戏。两人可以分别控制两个挡板，拦住对方打来的球，玩起来就像打乒乓球一样。接下来就一起开始制作吧！

 任务的分解与实现

　　双人弹球游戏制作起来比较简单，游戏元素可以分为三部分，分别是绿色挡板、蓝色挡板和黄色弹球。接下来分别讲解这三部分的编程方法。

双人弹球游戏

背景与角色创建

　　手动绘制绿色挡板与蓝色挡板两个角色。单击绘制按钮，在屏幕左侧的绘制工具中选取矩形绘图工具，画一个矩形出来，作为弹球的挡板。

Step2 为了让两个挡板一模一样，在第一个创建的挡板角色上单击复制，复制出一个一模一样的挡板，然后用填充工具改变第二个挡板的颜色，这样两个挡板角色就添加完成了。

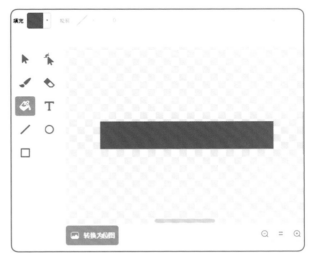

Step3 添加弹球的角色和背景，这个操作小朋友已经做过多次，就不再赘述了。

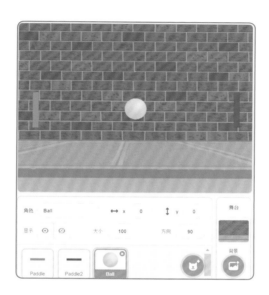

元素 1 —— 挡板

角色和背景创建完毕后，我们就开始对角色编程。既然是双人游戏，挡板就要分别由两个玩家控制。

考一考

参考一下射击游戏的飞船程序，想一想挡板该怎么控制？注意，飞船可以沿上、下、左、右四个方向移动，而挡板只能上下移动。

Step1 选中左侧绿色挡板，为其编写程序。将左侧挡板的初始位置设为靠近舞台左侧边缘的位置。在默认状态下，任何角色都是面向 90 度方向的，而挡板面向

90 度方向时是水平放置的，而在这个游戏中挡板应该是竖直放置的。因此，还需要增加【面向 180 方向】积木，让挡板竖直起来。

Step2 重复执行判断按键是否按下：如果按下 w 键，则挡板上移；如果按下 s 键，则挡板下移。计算机运行速度很快，如果不等待 0.01 秒就会产生瞬间移动，因此重复执行中加上了 0.01 秒的等待时间。

Step3 选中右侧挡板角色，为其编写程序。右侧挡板的初始位置和左侧挡板不同，右侧挡板应该在舞台右侧。除此之外，控制右侧挡板的按键与左侧挡板要不一样，否则一个按键会同时控制左右两个挡板。这里选择了"上""下"按键控制右侧挡板上下移动。

元素 2 —— 弹球

弹球的程序略复杂。弹球需要以一个随机的角度射出，然后在接触挡板后反弹。反弹的过程中，入射角度应该等于出射角度，否则会不符合物理规律。而反弹角度的计算，需要一些技巧。

Step1 对弹球进行初始条件设置。弹球要随机面向 60 度与 120 度之间的某一个方向，实现每次游戏开始开球方向都随机的效果。另外，弹球的初始位置在舞台的正中央，因此要移到 x=0, y=0 处。

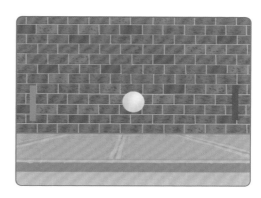

Step2 接下来，弹球需要向着面朝的方向飞出去，如果遇到了挡板或舞台上下边缘则需要反弹。如果不考虑挡板的反弹，弹球碰到舞台边缘的反弹很容易实现，程序如图所示。

Step3 要设计弹球碰到挡板反弹的效果，需要添加是否碰到挡板的侦测语句，如果碰到就将弹球朝向方向取为负数，这样就实现了反弹的效果。

Step4 增加对输赢的判断。如果任意一方没接到球，小球就会越过挡板，冲向舞台左侧或右侧边缘。也就是说，如果小球的 x 坐标超过了挡板，就可以判定胜负，结束游戏。小球 x 坐标超过左侧挡板 x 坐标，就广播"左方输了"的消息；反之小球 x 坐标超过了右侧挡板 x 坐标，就广播"右方输了"的消息（别忘了先新建消息并命名）。

Step5 当接收到"左方输了"或"右方输了"的消息后，弹球回到舞台中心位置 $x=0$，$y=0$ 处，并根据接收的消息说出"左方输了"或"右方输了"。

　　弹球的整体程序如下图。虽然看起来很多很长，但实际上只不过是基础简单功能的堆叠，一步步地增加，组合起来就能实现最终想要的功能。

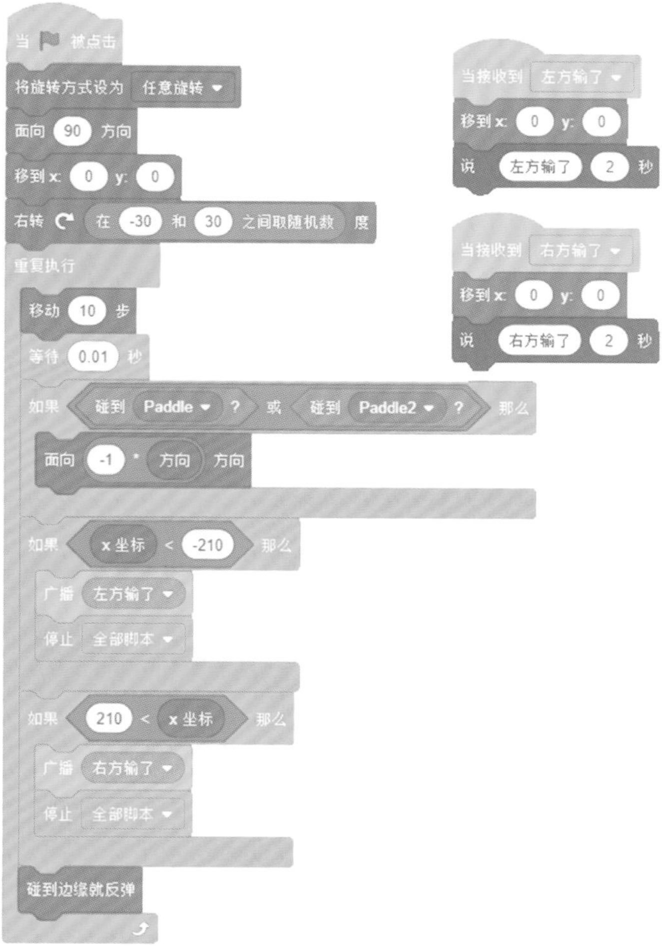

　　小朋友们，做到这里，一个非常基础又有趣味的双人游戏就制作完毕了。当然，这远远比不上计算机上其他大型 3D 游戏刺激，但它带来的成就感和乐趣应该也不少吧。

其实这个游戏还可以加入更多的元素，比如增加三局两胜的机制，比如用声音控制开球（声音闯关技巧），加入扰乱元素（得分达到多少可以冻结对手操作）等。相信跟着本书学了这么多的小朋友完全可以靠自己的技巧，以本章内容为基础，添加更多有趣好玩的玩法。

练一练

　　小朋友已经跟着本章一起，制作了一个双人游戏。你们是否还记得在本章开始前提出的学习重点呢？别急着回答，下面就是检验你们学习成果的时候了。

　　请以本章内容为基础，将这款弹球游戏的开球方式变成声控开球，并引入计分系统。

 本章小朋友应当掌握的内容

- Scratch 游戏设计中双人或多人同时操作游戏的设计思路与实现技巧。
- 有能力将之前的游戏变成双人或多人游戏，让其更有趣。
- 跳脱出 Scratch 是"个人学习工具"的想法，把它变成一项集体的娱乐活动。

　　《大鱼吃小鱼》是一款非常有趣的敏捷类游戏，简单的设定却充满了丰富的扩展和可能，同时挑战着玩家反应的敏捷程度。本章就介绍一下"大鱼吃小鱼"这类游戏，并带着小朋友一起用 Scratch 做一个简单版本的大鱼吃小鱼。

本章学习重点

　　1. 掌握交互式动画设计技巧，如角色的体型变化、做出吃鱼动作等。

　　2. 积累"大鱼吃小鱼"类游戏的核心玩法与设计思想。

🦈 休闲游戏，还未逝去的经典

可能很多小朋友都没有玩过"大鱼吃小鱼"这类经典游戏。这类游戏往往不属于大制作，但在互联网刚刚普及，3D 引擎还没有如此强大的十几年前，《连连看》《祖玛》《黄金矿工》等一类休闲游戏却一直霸占着休闲游戏排行榜前几位。

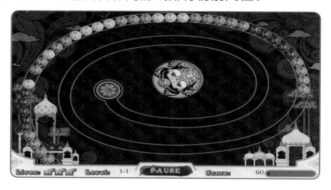

这类游戏就如同《俄罗斯方块》一样，游戏内容和机制看似简单，却经久不衰。就拿大鱼吃小鱼类游戏来说，不知道有多少作者，在多少不同的平台，使用多少种不同的技术，做了多少种不同的"大鱼吃小鱼"游戏了。

甚至有些游戏巨作，也包含"大鱼吃小鱼"的玩法。比如 2008 年 EA 公司推出的游

戏《孢子》，讲述了从单细胞生物到太空文明的生物发展史。其中单细胞生物阶段就是模仿"大鱼吃小鱼"的玩法。

相比于大型 3D 类游戏，这些休闲游戏的制作难度不高，对计算机配置的要求也非常低，但因为其玩法简单，受到许多用户的欢迎。

本章将要教小朋友制作一个简单的《大鱼吃小鱼》游戏，看看下面的效果图，思考一下应该包括哪些内容，然后一起来制作吧。

任务的分解与实现

大鱼吃小鱼

《大鱼吃小鱼》的制作难度适中，游戏元素可以分为 3 个。第一个就是玩家控制的鲨鱼，第二个是被吃掉的小鱼，最后一个就是作为障碍物的大章鱼。接下来将分别讲解这 3 个元素的编程方法。

角色与背景选取

本章的素材都从 Scratch 内置的角色和背景中选择。它们分别是鲨鱼 (Shark)、小鱼 (Fish1)、章鱼（ Octopus ）以及背景 (Underwater)。

元素 1 —— 鲨鱼

角色和背景创建完毕后，我们就开始对角色编程。鲨鱼的部分并不简单。首先，鲨鱼要受键盘控制移动方向，碰到小鱼时要做出吃掉小鱼的动作，吃完后鲨鱼要略微长大。鲨鱼碰到章鱼时，要判定为鲨鱼被吃，并结束游戏。

考一考

参考一下射击游戏中的飞船程序，想一想鲨鱼该怎么控制？

Step1　完成用按键控制鲨鱼移动的程序。实现如果按下"上"键，鲨鱼就向上移动；如果按下"下"键，鲨鱼就向下移动；如果按下"左"键，鲨鱼就向左移动，同时面向左侧；如果按下"右"键，鲨鱼就向右移动，同时面向右侧。

💡和射击游戏唯一不同的地方是，在按下"左""右"键的时候，鲨鱼需要面向 90 度或 -90 度方向，而飞船并不需要。这是因为飞船是左右对称的图案，即便不转向，玩家也看不出不同。小朋友可以把【面向 90 度】【面向 -90 度】这两个积木去掉，会发现鲨鱼在倒着游、倒着吃小鱼，这明显不合常理，因此鲨鱼要面向移动方向。

Step2 除了移动之外，鲨鱼是否吃到了小鱼或是否被章鱼吃掉也要在重复执行中判断。如果碰到了小鱼【Fish1】，就调用"吃小鱼"自定义积木。如果碰到了章鱼【Octopus】，就要说"你被吃了"，接着停止所有脚本，结束游戏。

Step3 新建一个自制积木，取名为"吃小鱼"。让大鱼在吃小鱼的时候张嘴闭嘴，吃到小鱼后身体慢慢变大。实现如下。

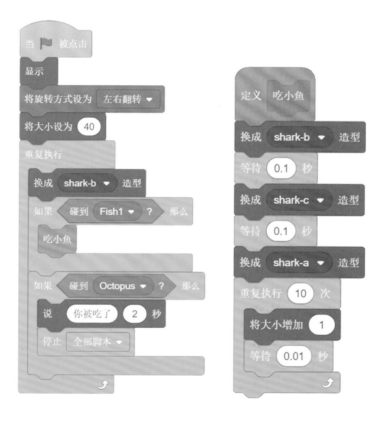

这样一来，鲨鱼在吃小鱼的时候就能有咬合和长大的效果了。

元素 2 —— 小鱼

　　小鱼的程序要更复杂一些。小鱼要每隔几秒刷新一次，每次刷新后既可能在舞台左侧出现也可能在舞台右侧出现。这就要求小朋友灵活运用【在……和……之间取随机数】这个积木。

Step1　对小鱼进行初始化。程序开始后小鱼要保持隐藏，并将旋转模式设为左右翻转。

Step2　重复执行小鱼出现的程序。首先随机取 1 和 2 中的一个数，如果选中 1，小鱼就移动到舞台左侧某处，否则就移动到舞台右侧某处。这看起来很绕，但是小朋友可以想象成丢硬币，如果丢出正面，小鱼就移到 $x=-240$ 处，否则移到 $x=240$ 处。

💡 移动到 x=–240 处，就是移动到舞台左侧，移动到 x=240 处就是移动到舞台右侧。y 坐标在 –160 与 160 之间取随机数，意思就是移动到舞台从上到下任何一个位置。两者结合，就是让小鱼在舞台左侧或右侧任何一个位置随机出现。

Step3 小鱼移动到某处后，等待 5 ~ 10 秒，克隆自己。如果不等待，海底的鱼群就会泛滥了。小朋友可以把这句等待去掉，看看效果。

💡 整体的程序如下，虽然不长但是理解起来有一定难度。如果小朋友没有理解的话，请反复执行、揣摩一下 Step2 中的程序。

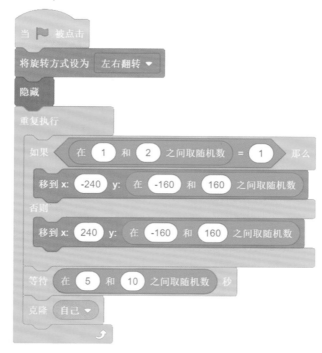

Step4　对克隆出的小鱼的编程小朋友就比较熟悉了。小鱼显示后先被设定为随机大小，然后不断向前移动，如果碰到边缘就反弹；如果碰到了鲨鱼，小鱼就被吃掉并删除克隆体。

💡 这样一来，每隔个 5 ~ 10 秒，舞台的左侧或右侧就会出现一条小鱼，供玩家控制的鲨鱼"享用"。

元素 3 —— 大章鱼

理解了小鱼的程序，大章鱼的程序就不在话下了。和小鱼一样，大章鱼也是随机在舞台左侧或右侧刷新（复制克隆体）出现。大章鱼的克隆体也要不停移动，如果碰到边缘就反弹。与小鱼不同的是，大章鱼是鲨鱼的克星，是不会被鲨鱼吃掉的。如果鲨鱼碰到了大章鱼，就会结束游戏，因此大章鱼碰鲨鱼后不用删除克隆体。大章鱼的程序见下图。

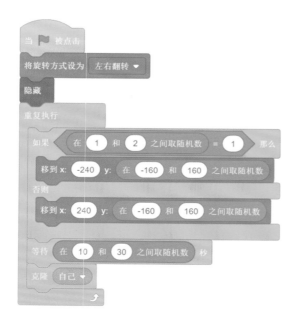

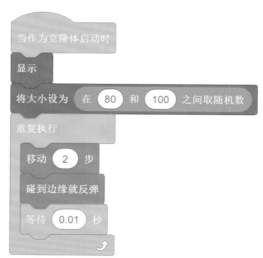

快单击 ⚑ 试试看吧！看你是否足够敏捷，在吃掉更多小鱼的同时躲开大章鱼呢？其实这个游戏还可以通过不同的方法实现，比如按照鱼的大小来判断吃与被吃，而不是按种类判断；比如用按键控制吃的动作；比如加入更多种类的鱼等。相信跟着本书学了这么多的小朋友完全可以靠自己的技巧，以本章内容为基础，添加更多有趣好玩的玩法。

练一练

　　小朋友已经跟着本章一起，制作了一个敏捷类的大鱼吃小鱼游戏。你们是否还记得本章开始前提出的学习重点呢？别急着回答，下面就是检验你们学习成果的时候了。

　　请以本章内容为基础，将这款游戏的吃与被吃的判定方式改为以大小判定，而非以鱼的种类判定。

 本章小朋友应当掌握的内容

　　• 大鱼吃小鱼类游戏的设计思路。

　　• 能活用造型、外观变化的相关语句，给 Scratch 游戏添加更具视觉效果的交互动画，让游戏看起来更加生动有趣。

3

第三部分
分享自己的成果

网络就像哆啦A梦的任意门，你可以在网络上了解其他地方小朋友的日常生活；可以知道最新的科学发展；可以了解世界各地有趣的故事；可以看到和你一样在Scratch中遨游的小朋友们的作品。你手中捧着的这本书的内容是有限的，但网络上的内容是无限的。

所以，在本书结束之前，作者希望小朋友能学会怎么使用无限的网络内容学习不断变化的Scratch，去追寻精彩的编程世界。

浏览与注册

在 Scratch 的官方网站上，你能找到和你一样喜爱 Scratch 的小伙伴。在这里你还能看到来自全世界小朋友的作品，你也能在上面分享你自己的作品，收到全世界小朋友的回复和评论。

Step1 在搜索引擎中搜索 Scratch，找到并进入 Scratch 官方网站。

Step2 单击【加入】按钮进入 Scratch 社区注册账号。

Step3 注册完毕后登录你的账号，在【发现】栏目中你可以浏览全世界的作品。

Step4 打开别人的作品后，你可以留下你的评论，也可以看到其他人的评论。在这里你除了学习 Scratch，还可以提高外语水平。

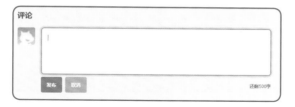

Step5 在【创意】栏目中，有一些非常基础的 Scratch 教程。如果你有某些内容没有学习扎实，可以在这里学习。

分享你的作品

Step1 单击屏幕右上角的文件夹按钮 ，进入你的作品集。单击【新建项目】按钮 ，会跳转到 Scratch 3.0 的网页编辑器。

Step2 你可以在网页编辑器里编辑你的作品，也可以单击【从电脑中上传】，将你本地的 Scratch 作品传至网页编辑器中。

Step3 当你准备好分享作品时，单击分享按钮，你的作品就能被其他人看到了。

Step4 你可以编辑你的操作说明，更改你的作品名称，也可以复制链接发给你的朋友，分享到社交平台，让其他人都可以看到。